AF873217

Sapiens

ATALAYA

49

JOSEP CORBELLA, EUDALD CARBONELL,
SALVADOR MOYÀ y ROBERT SALA

Sapiens

El largo camino de los homínidos hacia la inteligencia

TRADUCCIÓN
DE XAVIER GARCIA MUNIESA

EDICIONES PENÍNSULA

BARCELONA

Título original catalán:
Sapiens: El llarg camí dels homínids cap a la intel·ligència
(Barcelona: Edicions 62, 2000).

Quedan rigurosamente prohibidas, sin la autorización escrita de los titulares del «copyright», bajo las sanciones establecidas en las leyes, la reproducción total o parcial de esta obra por cualquier medio o procedimiento, comprendidos la reprografía y el tratamiento informático, y la distribución de ejemplares de ella mediante alquiler o préstamo públicos, así como la exportación e importación de esos ejemplares para su distribución en venta fuera del ámbito de la Unión Europea.

Diseño de la cubierta: Enric Jardí.
Infografía: Josep Ramos Rocarols.

Primera edición: junio de 2000.
Segunda edición: julio de 2000.
© Josep Corbella Domènec, Eudald Carbonell Roura,
Salvador Moyà Solà y Robert Sala Ramos, 2000.
© de la traducción: Xavier Garcia Muniesa, 2000.
© de esta edición: Ediciones Península s.a.,
Peu de la Creu 4, 08001-Barcelona.
E-MAIL: correu@grup62.com
INTERNET: http://www.peninsulaedi.com

Fotocompuesto en V. Igual s.l., Còrsega 237, baixos, 08036-Barcelona.
Impreso en Hurope s.l., Lima 3, 08030-Barcelona.
DEPÓSITO LEGAL: B. 32.023-2000.
ISBN: 84-8307-288-2.

CONTENIDO

LOS AUTORES

Nadie es perfecto: a mí me gustan los cráneos. Especialmente los cráneos humanos fósiles. Tener uno en las manos me produce una sensación de abismo. He tenido la suerte de que mi trabajo como periodista especializado en ciencia me ha brindado la oportunidad de conocer a gente que tiene esta misma afición macabra.

Con el arqueólogo Eudald Carbonell congeniamos desde que nos conocimos. Fue en agosto de 1995; yo había ido al yacimiento de Capellades, a 40 kilómetros de Barcelona, para escribir un artículo sobre neandertales para *La Vanguardia* y me encontré con este Homo sapiens vestido de Indiana Jones, cubierto de polvo hasta las cejas, que se comía el mundo con cada frase. Era el entusiasmo en persona. Me enseñó lo que quedaba de los hogares que habían hecho los neandertales, me contó que trabajaban la madera y comían rinocerontes y luego fuimos a comer a un bar, donde le entrevisté por primera vez.

Me contó que un verano, a finales de los años setenta, él y el paleontólogo Salvador Moyà coincidieron en Murcia en una excavación que resultó ser un desastre. Tres semanas respirando polvo para al final no encontrar nada. El día en que regresaron a Barcelona, deshidratados tras ocho horas de tren, tomaron una horchata en La Valenciana, en la plaza Universitat, y se prometieron que un día encontrarían los fósiles humanos más antiguos de Europa.

En aquel momento yo no habría dado un duro por ellos. Dos jóvenes que vuelven de la fiebre del oro con las manos vacías y que se consuelan pensando en tesoros que no saben dónde están enterrados. Pero al cabo de quince años, cuando trabajaba en el Institut Paleontològic Miquel Crusafont de Sabadell, Salvador Moyà cumplió su parte de la promesa al encontrar contra todo pronóstico un esqueleto de driopiteco de diez mil años de antigüedad en el yacimiento de Can Llobateres. No es un esqueleto humano, pero es el pariente más próximo a los humanos que se ha encontrado de aquella época. El estudio del driopiteco ha convertido a Salvador Moyà en uno de los máximos expertos del mundo en el origen de la marcha bípeda, que es la primera clave del éxito del linaje humano.

Eudald Carbonell también cumplió. Codirector de las excavaciones de Atapuerca y profesor de la Universidad Rovira i Virgili en Tarragona, en 1997 presentó los fósiles del *Homo antecessor*, que fueran reconocidos como los restos humanos más antiguos encontrados en Europa, y ganó, junto al resto del equipo de Atapuerca, el premio Príncipe de Asturias de Investigación.

Precisamente el día en que presentó el *Homo antecessor* en rueda de prensa, que habría podido ser uno de sus grandes días de gloria, Eudald Carbonell me confesó que, en el grupo de investigación que estaba creando en la Universidad Rovira i Virgili, había investigadores mejores que él. Transcribo directamente del reportaje publicado al día siguiente en *La Vanguardia*:

—Hay personas de veintiocho años que saben más que yo cuando tenía su edad, y que sabrán más que yo cuando tengan la mía.

—Pero usted es el jefe.

—Soy el que se dedica a esto desde hace más tiempo.

—¿No teme que el día en que sepan más que usted traten de destronarle?

—En absoluto, más bien al contrario. Estar con ellos me resulta estimulante porque me dan caña y me obligan a trabajar duro para seguirles el ritmo. Además, yo paso de esos rollos burocráticos sobre quién es el jefe y quién no. Lo único que importa es que podamos seguir trabajando en lo que nos gusta y que lo hagamos bien.

Tanta modestia me sorprendió. Pero el día en que me presentó a Robert Sala lo comprendí. Ni una sola vez durante las largas conversaciones que hemos tenido para hacer este libro le ha flaqueado un argumento por falta de datos o porque olvidara una pieza a la hora de construir un razonamiento. Si Eudald Carbonell es el entusiasmo, Robert Sala es el método. Arqueólogo vocacional—como todos los arqueólogos, por cierto—, ha estado picando piedra en Capellades desde que tenía veinte años y actualmente es profesor de la Universidad Rovira i Virgili y miembro del equipo de Atapuerca.

La suya es una profesión dura. Las hay peores, por supuesto, pero ser arqueólogo o paleontólogo en un país como España significa trabajar con medios precarios, sacrificar las vacaciones para ir a excavar e investigar sin cobrar. Y estar en una gran campaña de excavación no es hacer vacaciones precisamente: es cumplir unos horarios, pasar calor, dormir en el suelo, comer rancho...

—¿Por qué lo hacen? ¿Qué gusto le encuentran, después de tantos años?—le pregunté a Eudald Carbonell una tarde de 1997 en Atapuerca.

—Mire, ya sé que soy una mierda, ya sé que he de morir. Todos moriremos. Pero yo aspiro a trascender—me contestó—. Hay gente intrascendente, gente que no ve más allá de su propia vida. Pero yo no soy como ellos. Yo espero trascender por el conocimiento.

JOSEP CORBELLA.

Mapa de la evolución

Es fácil perderse entre la docena larga de especies de homínidos que han creado los científicos. A menudo ni los propios investigadores se ponen de acuerdo sobre el parentesco entre las especies.
Para que sirva de guía, presentamos un árbol donde aparecen las especies más importantes y el lugar probable que ocupan en la historia de la evolución.

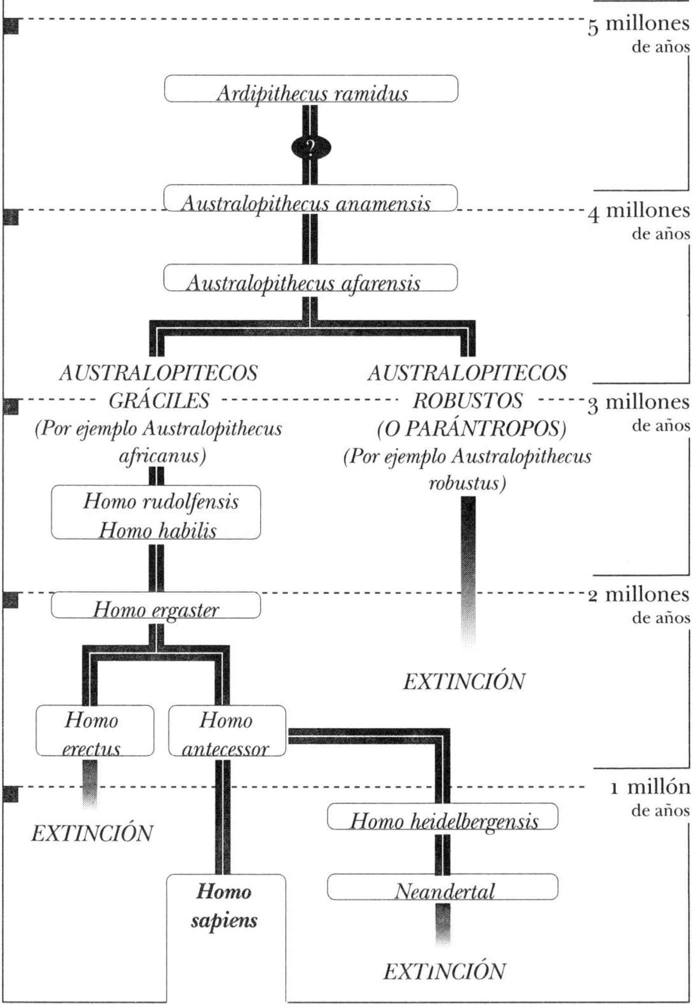

PRIMERA PARTE

LOS HOMÍNIDOS

Salvador Moyà y Josep Corbella

El día de la vida

Si imaginamos que los 4.500 millones de años que han pasado desde la formación de la Tierra se condensan en 24 horas, éste sería el horario de los acontecimientos clave en la evolución de los seres humanos:

0 h 00'

La Tierra se solidifica
hace 4.500 millones de años a partir de la nube de polvo y gas que origina el sistema solar

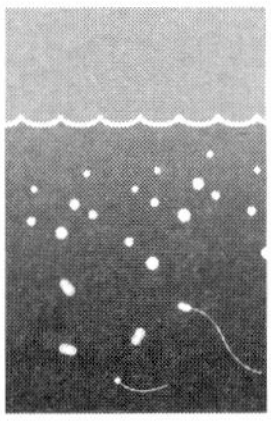

3 h 45'

La vida madruga:
rocas encontradas en Groenlandia demuestran que los primeros organismos tienen como mínimo 3.700 millones de años

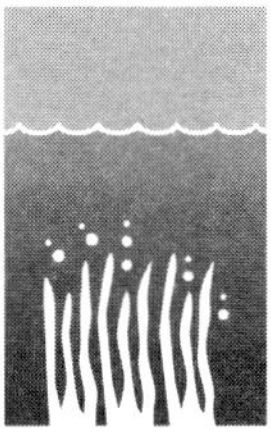

9 h 36'

La célula con núcleo,
la pieza básica con la que estamos formados los animales, aparece hace unos 2.700 millones de años

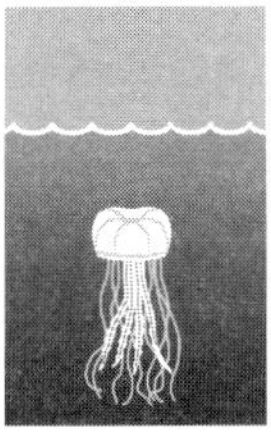

20 h 15'

Los animales
se hacen esperar hasta última hora de la tarde. Los primeros, pequeños y de cuerpo blando, aparecen hace 700 millones de años

21 h 20'

Los primeros vertebrados
que aparecen, hace 500 millones de años, son los peces. Luego vendrán anfibios, reptiles, aves y mamíferos

22 h 55'

Los mamíferos
llegan en sesión nocturna, hace 200 millones de años. La extinción de los dinosaurios, hace 65 millones de años, propicia su expansión

23 h 58' 30"

Los homínidos
adoptan la marcha bípeda hace 4,5 millones de años

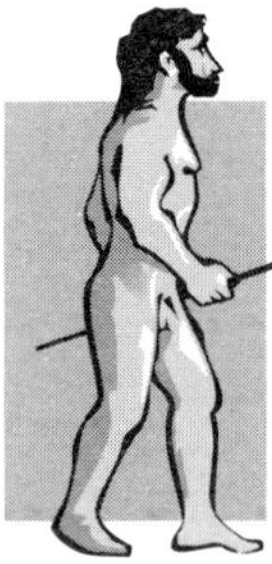

23 h 59' 57"

Homo sapiens,
nuestra especie, aparece hace unos 150.000 años. Hasta ahora apenas ha vivido tres segundos en el día de la vida

1.

CEREBRO Y SEXO

PERO, ¿TIENE UN SENTIDO LA VIDA?

JOSEP CORBELLA: *La cultura occidental presenta la evolución como un perfeccionamiento y a los humanos como la especie perfecta hecha a imagen y semejanza de Dios, el punto final de la evolución. Pero, ¿era realmente tan inevitable que apareciéramos los humanos?*

SALVADOR MOYÀ: Sí, era inevitable que apareciéramos los humanos, o por lo menos una especie muy parecida a los humanos. Pero no porque la evolución busque la perfección y porque el súmmum de la perfección seamos nosotros, sino porque la competencia entre los seres vivos, que es uno de los motores de la evolución, antes o después tenía que producir una especie como la nuestra.

—*¿Quiere decir que la evolución venía en nuestra dirección?*

—La evolución no es más que la elección que hace la selección natural entre la oferta de seres vivos existentes en la Tierra en cada momento. Me explico: la selección natural actúa a través de la competencia que hay entre los seres vivos para sobrevivir y para reproducirse. En esta competencia, unos organismos son descartados y otros son elegidos. Al final todos mueren, pero unos lo hacen sin haberse reproducido y otros se perpetúan en sus descendientes. Por lo tanto, esta competencia entre los seres vivos es lo que hace que las cosas salgan adelante, que la evolución tenga una dirección, que vaya en cierto sentido.

—¿Y cuál es este sentido?

—El de la complejidad. En los fósiles, donde está escrita la historia de la vida, se observa cómo van apareciendo organismos cada vez más complejos. Los primeros seres que habitaron la Tierra tenían una sola célula, al cabo de 3.000 millones de años aparecieron los animales, luego los vertebrados, luego los mamíferos, y ahora el tren de la evolución ha llegado a la estación de los humanos, con un cerebro de millones de neuronas que es el objeto más complejo que se conoce en el Universo. Pero el hecho de que la evolución tenga un sentido no significa que tenga un propósito. Los humanos no somos un objetivo de la evolución. Somos sólo el resultado de la competencia entre los seres vivos por sobrevivir, que conduce a la complejidad. Ésta es la razón por la que creo que los humanos, o un animal parecido a los humanos, éramos casi un resultado previsible de la evolución.

—Así pues, si aparece vida en otro planeta, ¿también lo poblarán animales parecidos a los humanos al cabo de unos miles de millones de años?

—Efectivamente, si se repiten las condiciones de la Tierra en otro planeta, es muy probable que acaben apareciendo formas de vida muy parecidas a la nuestra. Es sólo una cuestión de tiempo.

LA INTELIGENCIA DE LOS DINOSAURIOS

—Pero los mamíferos, y por lo tanto los humanos, hemos prosperado gracias a que los dinosaurios se extinguieron cuando un meteorito chocó contra la Tierra hace 65 millones de años. Si nuestra especie

depende de un hecho tan fortuito como el choque de un meteorito, no debemos ser tan inevitables.

—Sí, porque la extinción de los dinosaurios también era inevitable. El choque del meteorito es sólo la mitad de la historia. La otra mitad es que los dinosaurios vivían en ecosistemas extremadamente frágiles y que estaban condenados a la extinción.

—*¿Qué es lo que hace que un ecosistema sea frágil?*

—Los ecosistemas, que están formados por todos los organismos que viven en un lugar determinado y por las interacciones entre ellos, no son inertes, no son iguales ahora que dentro de veinte millones de años, sino que son una entidad viva, en permanente evolución. A medida que se suceden las generaciones, aumenta la diversidad de los seres vivos que forman el ecosistema y las relaciones entre ellos se hacen cada vez más especializadas, más puntuales.

—*¿Algún ejemplo actual?*

—La selva amazónica. Es un área con una gran biodiversidad, poblada de animales altamente especializados que sólo pueden sobrevivir si su hábitat se conserva intacto. Por ejemplo, el colibrí se alimenta únicamente del néctar de las flores de cierto tipo de planta. Hay una especie de primates que se alimenta exclusivamente de la goma de la resina que producen los árboles. Los ecosistemas de este tipo, donde los organismos dependen tan estrechamente unos de otros, son castillos de cartas. Cae una y caen todas. Si se extingue el colibrí, se extingue el que se alimenta del colibrí, se extingue el que se alimenta del que se alimenta del colibrí, y al final se derrumba todo el ecosistema.

—*Volvamos a los dinosaurios.*

—Los últimos dinosaurios vivían en ecosistemas como éste. Todo se sostenía con pinzas. Eran ecosistemas maduros, complejos, terminales. Y cuando una perturbación externa, como el meteorito, alteró sus condiciones, se produjeron extinciones en cadena, no sólo de los dinosaurios, sino de gran parte de las especies que poblaban la Tierra entonces. Si no hubiera chocado el meteorito, los dinosaurios se habrían extinguido al cabo de unos millones de años por cualquier otra perturbación.

—¿Y con unos millones de años más, los dinosaurios no habrían podido evolucionar hacia una inteligencia como la nuestra? Al fin y al cabo, a los humanos nos han bastado dos millones y medio de años para pasar de ser un primate como los otros a saber desviar asteroides.

—Los dinosaurios eran reptiles y ningún reptil ha hecho nada trascendental desde el punto de vista de la inteligencia. Da la sensación de que la estructura biológica de los reptiles no permite desarrollar una inteligencia como la nuestra. Yo creo que los dinosaurios llegaron a la máxima inteligencia que les era posible. Poblaron la Tierra durante 160 millones de años y los fósiles no indican que, al extinguirse, estuvieran a punto de inventar el ordenador. En cambio, los primates llevan en la tierra cuatro veces menos tiempo y ya han dado un ser mucho más inteligente.

LOS BIEN NACIDOS

—¿Qué tienen de especial los mamíferos para haber prosperado entre las ruinas de los dinosaurios?

—Una de las cosas que determina el éxito de una especie es su capacidad de independizarse del medio ambiente. Los reptiles actuales son animales de sangre fría que dependen en gran medida de la temperatura ambiental. Hay investigadores que creen que los dinosaurios, que también eran reptiles, tenían la sangre caliente. Pero las serpientes, los lagartos y otros reptiles que viven hoy en día permanecen inactivos durante la noche y por la mañana necesitan captar el calor del sol para empezar a moverse. Y si un animal no se mueve, no puede ir en busca de comida ni escapar de los depredadores. Los mamíferos, en cambio, generan su propio calor internamente, de modo que dependen menos del medio ambiente. Esto hace que, desde el punto de vista de la evolución, tengan una enorme ventaja sobre los reptiles.

—Pero los pájaros también tienen la sangre caliente. ¿Por qué la inteligencia más compleja la inventan los mamíferos y no los pájaros?

—Porque los pájaros viven en el aire. Los pájaros son descendientes de los dinosaurios y tuvieron éxito porque colonizaron un nicho ecológico que estaba muy poco explotado en aquella época, el aire. Pero para lograrlo, tuvieron que desarrollar alas y plumas. Es decir, tuvieron que especializarse para vivir en el aire. Y cuando un animal está muy especializado, sus posibilidades de evolucionar en una u otra dirección, en este caso en la dirección de la inteligencia, quedan muy limitadas. Entre las aves hay animales muy inteligentes, como por ejemplo los loros. Pero en la historia de la vida, el futuro no es nunca de los especialistas, es de los generalistas. Porque un especialista jamás podrá evolucionar hacia una forma de vida muy diferente de la que ya tiene. Por el contrario, los primeros mamíferos, que se asemejaban a las musarañas actuales, tenían una estructura corporal básica que les permitía evolucionar en cualquier dirección.

—La gran diferencia de los mamíferos respecto a los demás animales es su modo de reproducirse. ¿Es mejor parir que poner huevos?

—Pienso que sí. Hay dos grandes estrategias reproductoras en el mundo animal. Una consiste en llevar al mundo una cantidad ingente de descendientes de modo que siempre haya algunos que sobrevivan. Ésta es la estrategia de los peces, que pueden llegar a producir miles de huevos en cada puesta, aunque solo un porcentaje irrisorio sobrevivirá y llegará a ser capaz de reproducirse a su vez. No es una mala estrategia, y la prueba es que aún hay peces en el mundo. Pero es una estrategia que exige un gasto enorme, en el sentido de que los descendientes son caros. Fabricar cada descendiente requiere unas proteínas, unas grasas, unas materias primas en definitiva, el pez invierte gran parte de su vida en conseguir estas materias primas. El hecho de que la gran mayoría de los descendientes mueran antes de llegar a reproducirse significa que la inversión se pierde.

—*¿Cuál es la otra gran estrategia?*

—La que han escogido los mamíferos. Consiste en hacer una mayor inversión para fabricar cada descendiente, pero en darle la protección suficiente para que sus probabilidades de supervivencia sean altas. Lo que hacen los mamíferos al gestar a sus crías en el vientre, en vez de lanzarlas al mundo en una cáscara de huevo y dejarlas a la buena de Dios, es precisamente protegerlas en una etapa del desarrollo en que son especialmente vulnerables. Y una vez han nacido las siguen protegiendo: las amamantan, las esconden de los depredadores, les dan una educación. El ejemplo extremo de esta estrategia quizá sea el caso de los orangutanes, que tienen una sola cría cada siete años, pero que dedican mucho tiempo a cuidarla.

—*Decía usted que es mejor estrategia la de los mamíferos que la de los peces.*

—La estrategia de los mamíferos es más arriesgada, porque cuando se pierde una cría de orangután se pierden siete años de inversión; pero también es más eficiente, porque es menos frecuente que la inversión se pierda. Y la evolución tiende a seleccionar aquellos organismos que se reproducen de modo más eficiente. Por lo tanto, *a priori* parece mejor parir que poner huevos. Lo cual no impide que la mayoría de los animales siga poniendo huevos.

—*¿El hecho de gestar las crías en el vientre es el requisito necesario para que se pueda crear un cerebro como el nuestro y es, por lo tanto, el paso que les faltaba dar a los dinosaurios para inventar el ordenador?*

—Efectivamente, gestar las crías en el vientre permite invertir más recursos en ellas y por lo tanto permite dedicar más recursos a fabricar su cerebro. Permite, en definitiva, que nazcan con un cerebro más desarrollado. El ejemplo más claro es el de los humanos. De hecho, los primeros homínidos, los australopitecos, no tenían el cerebro mayor que el de un chimpancé. Y el tamaño del cerebro no empezó a aumentar hasta que los homínidos no encontraron el modo de que la madre obtuviera los recursos necesarios para fabricar un cerebro grande durante la gestación.

—*¿En qué consistió ese hallazgo?*

—En pasar de una dieta vegetariana a una dieta carnívora. Así como los australopitecos se alimentaban principalmente de frutas y hojas, los primeros humanos incorporaron la carne a su dieta, lo que proporcionó suficiente energía para que las hembras pudieran construir cerebros grandes en su vientre. Eso, unido al hecho de gestar una sola cría, a una gestación larga y a un periodo de crecimiento intrauterino muy rápido al final del embarazo ha dado como resultado el cerebro humano.

—*¿Y este cerebro no podrían haberlo adquirido animales vegetarianos que, aun naciendo con un cerebro más pequeño, lo desarrollaran más durante la infancia?*

—No, porque la mayor parte del trabajo en la construcción de un cerebro, quizá el 80 por 100, lo hace la madre. Es una ley que se aplica a todos los mamíferos. Es imposible que un animal que nace con un cerebro del tamaño del de una cría de chimpancé desarrolle luego un cerebro como el nuestro. Lo siento por la gente que quisiera que la humanidad fuese vegetariana, pero somos humanos porque somos carnívoros.

—Sin embargo, los hijos de las mujeres vegetarianas no nacen con un cerebro más pequeño que los de las mujeres que comen carne, ¿no es cierto?

—No se puede comparar a una persona vegetariana en la sociedad occidental actual con un animal herbívoro. De entrada, la mayoría de los vegetarianos toman leche y huevos, que son alimentos de origen animal con una enorme cantidad de proteínas. Y los que no toman leche ni huevos tienen unos conocimientos dietéticos que les permiten ingerir todos los aminoácidos que necesitan con una selección cuidadosa de los alimentos; de modo que también toman proteínas. Esta selección de los alimentos es cultural y no está al alcance de un animal herbívoro. Al margen de esto, hay otra diferencia importante entre una persona vegetariana y un animal herbívoro en lo que se refiere al desarrollo del feto.

—¿Cuál?

—La relación entre la dieta de la madre y el tamaño del cerebro del hijo no es directa sino que está controlada por un programa genético. Es decir, los genes son los arquitectos que construyen el cerebro del hijo y no se comportan de modo distinto según si la madre ha comido entrecot o espinacas el día anterior. Desde un punto de vista evolutivo, esto es un seguro para las épocas de hambre, ya que el tamaño del cerebro de los hijos es más o menos constante aunque la dieta de la madre sea mala. Lo que pasó cuando la humanidad empezó a tomar carne no fue que, de un día para otro, el tamaño del cerebro se disparase sino que, de modo mucho más lento, se reprogramaron los genes implicados en la construcción del cerebro y del cráneo para permitir una mayor expansión del sistema nervioso.

—*¿El aumento del tamaño del cerebro es lo que define la tendencia a la complejidad de la que hablábamos al principio?*

—Sí, yo creo que el sistema nervioso es lo que define la complejidad de los animales. Un gusano, por ejemplo, que tiene una red neuronal muy básica, es un organismo sencillo comparado con un chimpancé.

EL GRAN INVENTO DEL SEXO

—*¿Y el sexo? Esta carrera de la evolución hacia la complejidad se observa también en la reproducción. Por ejemplo, la reproducción sexual, que es más compleja que la no sexual, aparece más tarde en la historia de la vida.*

—Así es, pero no es lo mismo la complejidad del cerebro que la complejidad del sexo. En la historia de la vida, la reproducción sexual ha prevalecido por una simple cuestión de eficiencia evolutiva. Incrementar la diversidad significa aumentar las posibilidades de que aparezcan nuevas formas de vida.

—*¿El sexo es independencia?*

—Desde el punto de vista de la biología, sí. La reproducción no sexual consiste en que un ser vivo como una bacteria se divide en dos. Cada uno de los descendientes es igual que el progenitor. La única posibilidad de evolución proviene de mutaciones genéticas, que son casuales e infrecuentes, o bien de la adquisición, también infrecuente, de genes de otras especies. De modo que cuando se modifica el medio ambiente, por ejemplo cuando aumenta la temperatura por un cambio climático, el destino más probable de los seres vivos es la extinción, ya que no son capaces de evolucionar rápidamente para adaptarse a las nuevas condiciones ambientales. La reproducción sexual, por el contrario, consiste en que dos seres vivos producen uno. Cada descendiente es una criatura única, distinta de los dos progenitores. Esto permite que, si el medio ambiente cambia, el ritmo de adaptación sea mucho más rápido y las posibilidades de supervivencia de alguna de las crías, más elevadas.

—*Así pues, el sexo es uno de los grandes motores de la evolución.*

—Sin duda. Es el gran responsable de la diversidad.

—*Cuando hablamos de reproducción sexual a este nivel, ¿hablamos ya de placer?*

—La reproducción sexual se define por la presencia de dos sexos distintos. Se puede dar entre plantas sin necesidad de placer. Pero en la mayoría de los animales el placer es el estímulo necesario para que la cópula tenga lugar. Si el placer es un estímulo tan poderoso, es porque debe vencer una resistencia también muy poderosa, que es la resistencia natural que tienen los animales a acercarse unos a otros. En el reino animal, proximidad significa peligro, así que, si en el sexo dejara de haber placer, los animales se extinguirían. El placer sexual es lo que ha permitido que la evolución llegase hasta los humanos.

—*Pero las serpientes, por poner un ejemplo, tienen un sistema nervioso menos sofisticado que el nuestro. En consecuencia, su capacidad de experimentar placer debe ser menor.*

—No lo creo. ¿Cuál sería el atractivo, para una anaconda macho, de copular con una hembra si no hubiera placer? Ninguno. Decir que una serpiente tiene menos capacidad de placer por ser serpiente es un planteamiento antropocéntrico.

Tal como yo lo veo, los *Homo sapiens* somos una especie más del mundo natural, nada más. No somos criaturas más especiales que las otras simplemente porque tengamos un sistema nervioso extraordinario que nos ha dado cosas tan fantásticas como la conciencia y la cultura. Incluso la cultura, cuando se piensa en ello, es una creación de la naturaleza.

—*Aparte de ser uno de los grandes motores de la evolución, ¿el sexo tiene alguna otra utilidad desde el punto de vista de la biología?*

—En el caso de los bonobos, o chimpancés pigmeos, que están entre los animales genéticamente más similares a los humanos que hay en la Tierra, el sexo tiene una función de cohesión social extremadamente importante. Las relaciones sexuales de todo tipo, incluidas la masturbación y las relaciones homosexuales, contribuyen a mantener unidas las sociedades de bonobos.

—*¿Cómo?*

—Uno de los problemas que tienen las sociedades complejas es que se generan tensiones internas y requieren mecanismos para disipar estas tensiones y no acabar a tortas cada día. Cuanto más compleja es una sociedad, más fácil es que aparezcan tensiones. En el caso de los bonobos, el sexo es un modo de disipar las tensiones y reducir la agresividad dentro de la sociedad. Los chimpancés no tienen sociedades tan complejas como las de los bonobos y no practican el sexo con tanta asiduidad.

—*¿Esta ley es válida también para los humanos?*

—No lo sé. Curiosamente, las sociedades humanas también son altamente complejas y el sexo está omnipresente, así que es posible que el sexo también cumpla esta función de cohesión social. Es una hipótesis interesante. Pero la impresión que yo tengo es que a nosotros el sexo más bien nos complica la vida.

PRIMATES PRIMITIVOS

—*¿Cómo eran los primeros mamíferos?*

—Los primeros mamíferos aparecieron en un mundo todavía dominado por los dinosaurios. Todo lo que pudieron hacer al principio fue instalarse en los intersticios ecológicos que los dinosaurios dejaban libres. Así pues, se cree que la mayoría de los primeros mamíferos eran criaturas nocturnas y arborícolas que se alimentaban de insectos. Probablemente los fundadores del linaje conservaban características reptilianas y aún hoy sobreviven especies primitivas como el ornitorrinco, que es un mamífero pero pone huevos como los reptiles. Más adelante, cuando los dinosaurios desaparecieron, los mamíferos se diversificaron rápidamente, modificaron su cuerpo para adaptarlo a los nuevos tiempos y se instalaron en los nichos ecológicos que los dinosaurios habían desalojado.

—*¿Fue así como aparecieron los primates, el grupo al cual pertenecen los humanos?*

—Efectivamente, los primates inventaron una serie de innovaciones anatómicas que hicieron que fuese mucho más seguro vivir en los árboles. Por ejemplo, consiguieron una mano y un pie prensiles, cosa que ningún otro mamífero tiene, y que son herramientas ideales para ir por los árboles, ya que permiten agarrarse a las ramas, quedarse colgado, hacer volteretas o lo que haga falta. También consiguieron situar los ojos delante de la cara, en vez de a los lados, lo que permite ver en relieve y calcular distancias con la vista. Eso era imprescindible para sobrevivir en los árboles. Si un primate se equivoca al calcular las distancias para saltar de una rama a otra, se estrella.

—*¿En estos primeros primates, se observa ya una tendencia al crecimiento del cerebro respecto a otros mamíferos?*

—Se ha demostrado que los primates antropoides siempre han tenido un cerebro más grande en relación con el tamaño de su cuerpo que los demás mamíferos. Seguramente esto se debe a que, para vivir en los árboles, hace falta procesar más información que para vivir en el suelo y por lo tanto hace falta un ordenador más potente. Probablemente también influya el hecho de que los primeros primates cazaban insectos y los animales depredadores suelen tener sistemas nerviosos más desarrollados que las presas.

EL MERCEDES HUMANO

—Los humanos ya no vivimos en los árboles pero conservamos manos prensiles, ojos frontales y otras características arborícolas. Esto indica que arrastramos herencias anatómicas de una época pasada y que, si hubiera un diseñador divino que quisiera hacer una criatura inteligente, compleja y perfecta, probablemente nos haría distintos. Quizá el cuerpo humano no sea una máquina perfecta, como se suele decir, sino una suma de imperfecciones que funcionan bien juntas.

—¿Qué imperfección encuentra usted en el cuerpo humano?

—La muela del juicio, por ejemplo.

—La muela del juicio, y a mí me molesta, es un problema mínimo, irrelevante desde el punto de vista de la evolución, que no es más que una consecuencia menor de las obras que se han tenido que llevar a cabo en el cráneo para dejarle más espacio al cerebro. Yo creo que un creador que quisiera hacer un cuerpo más perfecto se limitaría a hacer pequeños reajustes sin demasiada importancia. Es como preguntarse qué se le cambiaría a un Mercedes. Tal vez se le cambiaría la tapicería, quizá algún botón, pero al fin y al cabo nada importante. Pequeños detalles y nada más. Si lo que se quiere hacer es una persona y no un *robocop*, me parece que nos acercamos bastante al ideal.

—*¿Sería un pequeño detalle y nada más un tercer ojo en el cogote?*

—Es cierto que un antílope, más incluso que una persona, se beneficiaría de tener un ojo en el cogote, o si me apura en el culo. Así lo tendría más fácil para ver venir a los leones y escapar. Pero en vez de hacer esto hemos colocado los dos ojos que tenemos sobre una estructura móvil, la cabeza, que se puede girar para ver venir a los leones desde cualquier dirección. Además los hemos colocado estratégicamente a una distancia mínima del cerebro para que la señal de alerta llegue lo más pronto posible. En definitiva, la ventaja que representaría tener un tercer ojo no compensa lo que costaría adquirirlo. Ha habido tantos millones de años de evolución y tanta diversidad de seres vivos que, si el tercer ojo no ha aparecido, es porque no ha merecido la pena.

—*A pesar de todo, hay mucha gente que se mira en el espejo y no se siente tan ideal como usted dice. Si todo fuera tan perfecto, la cirugía estética no sería un negocio y la obesidad no existiría.*

—La obesidad se debe a que nuestra inteligencia nos ha hecho tan independientes del entorno que ya no necesitamos cazar, ni construir cabañas cada pocos días, ni ser nómadas. Toda la actividad física que hacían los australopitecos, los neandertales o los primeros *Homo sapiens,* nosotros hemos dejado de hacerla. Somos como animales de zoológico. Nos hemos convertido en formas autodomesticadas que se han enjaulado por voluntad propia. La mayoría de los problemas de obesidad vienen de aquí, del hecho de que nos hemos convertido en animales domésticos, y no de ninguna imperfección del cuerpo humano que algún diseñador divino quisiera corregir.

2.

ANTES DE LOS AUSTRALOPITECOS

MEDIOS DE LOCOMOCIÓN REVOLUCIONARIOS

—*¿Cuándo aparecen en la historia de la vida los rasgos modernos que diferencian a los grandes primates, como humanos y chimpancés, del resto de simios?*

—Hay dos episodios clave, que suceden ambos en África. El primero llega hace unos trece millones de años cuando una especie de primates que hoy en día se ha extinguido inventa una forma revolucionaria de locomoción consistente en colgarse de las ramas de los árboles. El segundo tiene lugar hace unos seis millones de años cuando un gran cambio climático provoca la desaparición de una parte de la selva y algunos primates, que hasta entonces han vivido en los árboles, se arriesgan a bajar al suelo y a probar otra forma de locomoción que también es revolucionaria: la bípeda.

—*Empecemos por el primer episodio. ¿Qué tiene de revolucionario que un día a un mono se le ocurriese colgarse de un árbol? Al fin y al cabo, eso lo hacen todos los monos, ¿no?*

—En absoluto. Hasta hace trece millones de años, los primates eran monos pequeños que se desplazaban de manera cuadrúpeda, ya fuera por encima de las ramas o por el suelo. Pero la aparición de simios más grandes que aprenden a desplazarse con el tronco vertical colgados de las ramas obliga a introducir una serie de cambios en el diseño del cuerpo que han perdurado hasta hoy, incluso en especies que ya no viven en los árboles, como la nuestra.

—*¿Algún ejemplo de este cambio de diseño?*

—Por ejemplo, aumenta la longitud de los dedos y de toda la mano para poderlos utilizar como gancho para colgarse de las ramas. Otro ejemplo: si hasta hace trece millones de años los primates han tenido las piernas más largas que los brazos, como muchos monos pequeños que viven hoy en día en las selvas tropicales, luego los brazos se hacen más largos que las piernas, una característica que nosotros no hemos conservado pero los orangutanes sí. Por otro lado, la columna vertebral pasa de estar casi siempre horizontal a estar casi siempre vertical, de modo que se reduce el número de vértebras de la zona lumbar y se vuelve más corta y más rígida. Y otro cambio muy importante es el que se produce en el tórax, que se estrecha entre el pecho y la espalda y se ensancha lateralmente.

—*¿Por qué es importante este cambio?*

—Que el tórax se ensanche lateralmente obliga a que la clavícula se alargue. Que se estreche entre el pecho y la espalda hace que los omoplatos, que antes estaban situados en los costados, se tengan que desplazar hacia la espalda. En definitiva, toda la articulación de los hombros se modifica. Son estos cambios los que hacen que podamos levantar la mano por encima de la cabeza para colgarnos de las ramas.

ESLABÓN PERDIDO

—*¿Cuál es la especie que lleva a cabo todas estas innovaciones?*

—No la conocemos. Se ha deducido que todo eso sucedió en la selva tropical africana hace entre trece y catorce millones de años, pero no se ha encontrado prácticamente ningún fósil africano de aquella época. Es posible que la falta de fósiles se deba a que las selvas tienen un suelo ácido y húmedo que degrada los huesos rápidamente y dificulta su fosilización. Pero yo estoy convencido de que, con lo grande que es África, y con la cantidad de yacimientos que quedan por excavar, tarde o temprano encontraremos este eslabón perdido. Mientras, nos podemos consolar con un pariente muy cercano que emigró a Eurasia y que sí que conocemos con detalle.

—*¿Quién es este pariente tan cercano?*

—El driopiteco, un simio que vivió hace unos diez millones de años y que probablemente sea un descendiente inmediato de aquel eslabón perdido del cual provienen los humanos y el resto de los grandes antropoides como gorilas, chimpancés y orangutanes. Pero el driopiteco no es nuestro bisabuelo sino más bien un hermano del bisabuelo. Es decir, no es un ancestro directo nuestro, pero creemos que se parece mucho al ancestro directo.

—*Usted y su equipo han descubierto en el yacimiento de Can Llobateres, cerca de Sabadell, el esqueleto de driopiteco más completo que se conoce.*

—Sí, los driopitecos se conocen desde hace tiempo por fósiles aislados descubiertos en distintos lugares de Europa y Asia, pero hasta ahora nunca se había encontrado un esqueleto completo. Este esqueleto, el más completo que se conoce en el mundo de cualquier hominoideo de hace entre cinco y veinticinco millones de años, aclara cómo estaban diseñados los hominoideos y pone de manifiesto que eran sorprendentemente parecidos a nosotros. Es un esqueleto excepcional al que hemos llamado Jordi.

JORDI, EL PRIMER CATALÁN

—*¿Quién fue Jordi?*

—Era un macho de driopiteco que medía entre un metro y un metro diez de altura y que pesaba unos 34 kilos. Pasaba parte del tiempo colgado de los árboles y parte del tiempo en el suelo en posición cuadrúpeda. Vivía en grupo, como la gran mayoría de los primates, en una sociedad relativamente compleja donde los diferentes individuos se conocían entre ellos, se avisaban unos a otros cuando acechaba algún peligro y compartían la comida y las diversiones. El estudio de sus dientes indica que se alimentaba básicamente de frutas como dátiles e higos, que abundaban en Can Llobateres en aquella época. Cuando murió había terminado ya su crecimiento y es posible que hubiera dejado descendencia, pero no tenía los dientes demasiado gastados, de lo que se deduce que era joven. A escala humana, debía de tener unos dieciocho o veinte años.

—*¿Por qué murió joven?*

—No estamos seguros de cómo murió pero sabemos que fue devorado a orillas de un río. Tal como yo me lo imagino, pocos segundos antes de morir bajó de un árbol para ir a beber agua y, una vez en el suelo, se quedó quieto un instante, vigilando si había algún peligro. No oyó nada, se acercó a la orilla del río, bajó la cabeza para beber agua y entonces oyó un ruido. Se sobresaltó pero no tuvo tiempo de girarse. Lo último que sintió fue la frialdad de dos colmillos de un león de dientes de sable que se le clavaban en la espalda y la sangre caliente que le chorreaba por la piel.

—*¿Un león de dientes de sable?*

—Es un felino primitivo que, en vez de tener los colmillos

como los leones de hoy en día, los tenía mucho más largos y planos y tenía el instinto de clavarlos en el cuello para seccionar la yugular. Estos sables tenían una pequeña sierra que facilitaba la entrada de aire en la yugular para que la presa se desangrara rápidamente. Era un matador muy sofisticado.

—¿Pero hay pruebas de que lo mató un león de dientes de sable?

—No, también es posible que muriera de alguna enfermedad. Había mucha malaria en Cataluña en aquella época y quizá la pillara. O quizá sufrió una infección por un virus, no lo sabemos. En cualquier caso, sí que sabemos que sus restos los devoraron carnívoros pequeños, quizás unas hienas primitivas. Lo sabemos porque han quedado las marcas de sus dientes en los huesos de Jordi y porque el esqueleto está esparcido en un diámetro de diez metros, lo que coincide con el comportamiento de las hienas, que se reparten la comida y una se va a comer un brazo a un lado y otra se lleva una pierna a otro.

—Pero si se lo comieron las hienas, no se lo comió el león de dientes de sable, ¿no?

—¿Por qué no? El depredador se come los mejores bistecs, pero luego vienen los carnívoros carroñeros que consumen lo que ha dejado el depredador y finalmente llegan aves como los buitres que aprovechan hasta las últimas migajas de grasa. Este es un proceso donde hay más de un comensal.

—Leones de dientes de sable, hienas, hablábamos antes de dátiles... Todo esto sugiere que la Cataluña de hace diez millones de años no se parecía demasiado a la actual.

—Cataluña ha cambiado mucho, es cierto. Cuando vivía Jordi, tenía un clima subtropical con una vegetación exuberante comparable a la que se encuentra hoy en día en Canarias. No sólo había hienas y leones, sino muchos otros animales que en la actualidad serían más propios de climas africanos que europeos. Elefantes, rinocerontes, jirafas, incluso el propio driopiteco. La Península Ibérica ya tenía más o menos la forma que tiene ahora, pero los Pirineos todavía se estaban levantando. Si se compara la fauna y la flora que había en los Pirineos en aquella época con la que había en Can Llobateres, se ve que es muy parecida, lo que indica que los Pirineos no eran tan altos como ahora.

DESCUBIERTO POR ERROR

—*¿Cómo descubrió a Jordi?*

—Yo siempre he dicho que no le encontré yo a él sino que él me encontró a mí. En realidad, su descubrimiento fue el resultado de una larga sucesión de casualidades y de errores. Can Llobateres era, y sigue siendo, el yacimiento donde más restos de driopiteco se habían encontrado de toda Europa. El paleontólogo Miquel Crusafont había encontrado allí dientes y fragmentos de mandíbula en los años cuarenta y cincuenta; en total, restos de más de cuarenta especímenes. Por lo tanto, si queríamos encontrar restos de driopiteco, que era lo que buscábamos, era lógico empezar por Can Llobateres. Empezamos las excavaciones en 1989. Fuimos a la parte baja del yacimiento, a los mismos niveles donde había trabajado Miquel Crusafont, pensando que, si él había encontrado tantos restos de driopiteco excavando cuarenta años antes, nosotros, que éramos un equipo de unas quince personas, encontraríamos centenares. Pero en toda la campaña de 1989 no apareció ni un solo fósil de driopiteco. Fue terriblemente frustrante. Al año siguiente volvimos a excavar y tampoco hallamos nada.

—*¿Qué hicieron entonces?*

—Cuando terminamos la campaña de 1990 dijimos: «Si seguimos aquí, nos podemos morir, no encontraremos nada». Estuvimos a punto de abandonar e ir a probar suerte en otros yacimientos. Estábamos muy quemados. Pero yo sabía que Miquel Crusafont había excavado en los niveles más altos del yacimiento. No había encontrado ningún resto de driopiteco allí, pero sí fragmentos de esqueletos de otros mamíferos. Y pensé que, antes de marcharnos de Can Llobateres, merecía la pena hacer un último intento allí. Y entonces cometí un error, pero fue un error afortunado que me llevó donde estaba Jordi.

—*¿Qué error?*

—Miquel Crusafont nunca excavó donde yo creía sino en otra parte de Can Llobateres, lo supe más tarde. Fuimos a excavar al sitio correcto por equivocación. Este sitio no se encontraba en muy buen estado que digamos. La gente lo había estado utilizando como vertedero desde hacía años y estaba todo cubierto de basura. La campaña de 1991 consistía básicamente en limpiar el yacimiento de porquería y de tierra estéril. Habíamos contratado una máquina excavadora y el primer día de la campaña quedé a las ocho de la mañana con el conductor de la excavadora para decirle por dónde tenía que empezar a limpiar. Pues bien, quedamos en la carretera que hay al lado del yacimiento, llego allí a las ocho y la excavadora no está. Espero un rato y no llega. Sigo esperando, solo en la carretera, en pleno verano, hacía un calor asfixiante, y la excavadora seguía sin llegar. Al fin, harto, aburrido, cabreado por estar allí sin hacer nada, me levanto y voy a dar un paseo por el camino que lleva al yacimiento para distraerme. Llego a lo que ahora es la entrada del yacimiento, donde hay una pared de arcillas rojizas y azuladas, que son sedimentos acumulados a lo largo de miles de años, y hago lo que hace cualquier paleontólogo cuando está enfrente de una pared de sedimentos. Cojo la picoleta y doy un golpe al sedimento para extraer un trozo y ver si hay algún hueso. Di un solo golpe. Y en el trozo de sedimento que se desprendió había la huella de un maxilar completo de driopiteco. Miré dentro del sedimento y allí estaba el maxilar, esperándome.

—*¿Qué hizo entonces?*

—Empecé a saltar y a gritar como un loco. Al cabo de un rato, me calmé, avisé al resto del equipo, montamos una pequeña excavación y extrajimos la cara entera del driopiteco. Todo eso el primer día de campaña. Antes de que llegara la máquina. Fue una auténtica lotería. Y esto no es todo. Cómo encontramos el esqueleto es aún más increíble.

—*Cuente, cuente.*

—En 1991 excavamos allí donde había aparecido la cara de Jordi y no salió nada más. El resto de la campaña la dedicamos a limpiar el yacimiento tal como estaba previsto para dejarlo listo para la campaña del año siguiente. Llegamos a septiembre de 1992. Un amigo íntimo mío de Mallorca, Joan Pons, compañero de aventuras paleontológicas de juventud, me llama y me dice: «Oye, tengo que venir a Barcelona y me tienes que llevar a Can Llobateres para enseñarme el lugar donde encontraste el cráneo». Total, que le voy a recoger al aeropuerto un sábado por la mañana, vamos a desayunar y le llevo al yacimiento. Y allí le cuento: «Mira, aquí es donde apareció el cráneo, allí abajo es donde nos dejamos la piel durante dos años y ahora te enseño lo que queremos excavar este año». Nos acercamos al lugar, también había la típica pared de sedimentos, había llovido pocos días antes y la lluvia la había dejado limpia. Y de repente veo un trozo de hueso clavado allí. «Mira, un trozo de hueso», digo. No llevaba herramientas, así que me acerco con la llave del coche, rasco un poco para ver qué es y digo «¡vaya, no está nada mal!». Sigo rascando con la llave del coche, que no es precisamente el instrumento ideal para ir a buscar fósiles, y al cabo de un rato veo que hay toda la parte superior de un fémur. Lo examino, veo claro que no es de antílope, más bien parece de carnívoro, pero para ser de carnívoro tiene algo extraño. Sigo rascando y al final resulta que el fémur está prácticamente entero. Y al verlo tan largo digo: «Esto tiene aspecto de primate». Pero no estaba seguro. Podía ser de driopiteco, pero nunca se había encontrado un fémur de driopiteco. No se sabía cómo era. De modo que cogimos el fémur, fuimos hacia el museo, saqué la colección de fémures y empecé a comparar. Y entonces me convencí de que no era un carnívoro sino un primate. La orientación de la cabeza del fémur, el tamaño de la articulación, la posición de los trocánteres... no había ninguna duda. Era el primer fémur de driopiteco jamás descubierto, y estaba prácticamente entero.

—*¿Y no estaban en época de excavación?*

—¡Qué va, estábamos de picnic! Antes de las lluvias el fémur no se veía porque debía de estar sucio de arcilla y el día que le estoy enseñando el yacimiento a un amigo, va y aparece. Fue acojonante. La historia de Can Llobateres está repleta de casualidades misteriosas. En fin, ese mismo sábado de septiembre, tras comprobar que se trataba de un hueso de driopiteco, volvemos al yacimiento enseguida, ahora ya con un punzón y herramientas adecuadas, y empezamos a excavar más en serio. Cuatro minutos más tarde aparece el otro fémur. Entonces paramos, replanteamos toda la campaña de excavación de 1992, que estaba programada para octubre, y aquel otoño encontramos gran parte de las costillas y las vértebras de Jordi.

LA EXCAVACIÓN MÁS EMOCIONANTE

—De modo que aún faltaban algunas piezas para completar el esqueleto.

—Sí, todavía faltaban la parte superior del tronco, los dos brazos y los pies. Nos hacía falta encontrar alguna de estas piezas si queríamos saber quién era exactamente el driopiteco. Porque la pregunta del millón, en aquel momento, era si el driopiteco era aún un mono primitivo como los de hace quince millones de años o si ya había dado el salto decisivo que conduce a los humanos y a los otros grandes primates antropomorfos como chimpancés y orangutanes. Así que la campaña de 1993 fue la más emocionante de todas. Al tener los fémures marcas de dientes y al haber aparecido los huesos esparcidos, pensamos que era probable que Jordi hubiera sido carroñeado. De modo que cogimos un plano detallado de Can Llobateres, marcamos dónde habían aparecido hasta entonces los huesos, buscamos bibliografía de cómo suelen quedar repartidos los restos de animales devorados por carroñeros y finalmente trazamos sobre el plano un círculo de unos veinte metros de diámetro en cuyo interior era probable que estuvieran los restos de Jordi. Empezamos a excavar dentro de ese círculo con mucho entusiasmo, pero los días iban pasando, y no aparecía nada. Y otra vez lo mismo: cansancio, decepción, un día tras otro sin encontrar ningún fósil... Hasta que una tarde, después de comer en un restaurante llamado El Currante, damos un golpe de picoleta, levantamos un bloque de sedimentos, y aparecen unas falanges a diez metros de donde estaban los fémures. Empezamos a limpiarlas, y otra vez la duda eterna: ¿Serán de carnívoro o serán de primate? Porque los huesos de carnívoro son los que más fácilmente se pueden confundir con los de primate.

—*Y eran de primate.*

—Bueno, seguimos limpiando, sacamos las falanges, y entonces, cuando vimos bien la articulación proximal, la que une la primera falange con el resto de la mano, cantamos victoria: era el driopiteco. Y allí mismo, en un metro cuadrado, aparecieron la mano, parte del radio, parte del cúbito y parte del húmero, es decir, el brazo entero, con marcas de dientes en todos los huesos. Fue fantástico porque fue plantear la hipótesis de que allí encontraríamos los huesos y encontrarlos.

—*¿Y desde entonces?*

—Hemos continuado haciendo excavaciones anuales pero de Jordi no hemos encontrado nada más. En 1997, a treinta metros de donde estaba el brazo, encontramos restos de un driopiteco más pequeño, que creemos que es una hembra y a la que hemos llamado Montse. Los restos, un pie y una tibia, estaban totalmente desmenuzados por los carnívoros, lo que indica que también se la comieron. También encontramos, cerca de allí, un diente de leche de un tercer driopiteco. Y esperamos completar la colección en los próximos años.

—*¿Cuándo se dio cuenta de la trascendencia de lo que había descubierto?*

—Desde que aparecieron los fémures y parte del tórax, en 1992, ya sospechamos que nos encontrábamos ante un espécimen excepcional, porque hasta entonces nunca se había encontrado el esqueleto de un hominoideo de aquella época, que es crucial para entender el origen de la humanidad. Y al año siguiente, cuando tuvimos juntos la cabeza, parte del tórax, parte de las piernas y un brazo prácticamente entero, creíamos estar en posesión de uno de los fósiles más fantásticos jamás descubiertos. Porque australopitecos, que también son cruciales para entender el origen de la humanidad, hay muchos. Pero aquél era el primer hominoideo del mioceno superior que se encontraba en condiciones realmente buenas. Inmediatamente empezaron a surgir docenas de preguntas que no teníamos tiempo material de investigar: en qué se parecía Jordi a los primates que habían vivido antes que él, en qué se parecía a los que viven actualmente, si está más emparentado con el orangután asiático o con los chimpancés, gorilas y humanos, que son originarios de África... Fue una época realmente muy intensa, muy emocionante.

CÓMO SE ESCOGE EL NOMBRE DE UN FÓSIL

—*¿Por qué le llamaron Jordi?*

—Eso fue cosa de Meike, mi mujer, que forma parte del equipo de investigación y un día dijo: «Todo el mundo pone nombres a esqueletos tan fascinantes como este... deberíamos ponerle un nombre». Estuvimos meditando y no se nos ocurría ningún nombre que nos gustara. Era como ponerle nombre a un hijo. Hasta que un día Meike dijo: «¿Cuál es el nombre de hombre más común en Cataluña?». Y así salió Jordi.

—*¿Pensaban en el caso de Lucy, que se ha convertido en el australopiteco más famoso del mundo, en parte gracias a su nombre?*

—No sólo en Lucy. Hay numerosos casos de fósiles con nombre: Mrs. Ples, que es el cráneo de una hembra de Sudáfrica, el niño de Taung, que fue devorado por un águila, el niño de Turkana... Se ha convertido en una especie de costumbre dar nombre a los especímenes excepcionales como Jordi o Lucy.

—*¿Forma parte de una estrategia comercial, digamos que para vender mejor el fósil?*

—En cierto modo, sí. Cuando das un nombre de persona a un fósil, lo acercas más a la gente. Para la gente que no es del gremio es más fácil familiarizarse con un primate si se llama Jordi que si se llama *Dryopithecus laietanus*, que es su nombre científico. Llamarle Jordi era un modo de acercarlo a la gente. Y me parece que ha dado resultado, ya que ahora a menudo oigo hablar de Jordi. Creo que se ha convertido en todo un personaje.

—*Seguramente es más conocido que ustedes mismos, que lo han descubierto.*

—Seguro que es más conocido que nosotros. Pero es lógico, porque es más importante que nosotros. Nuestros restos no pasarán a la historia, los de Jordi, sí.

3.

DE LUCY A *HOMO*

ORÍGENES INCIERTOS

—Hemos dicho que hace unos seis millones de años tuvo lugar un episodio clave en la evolución humana. ¿Qué pasó exactamente?

—En ese momento es cuando vive el último antepasado común de humanos, gorilas y chimpancés. Es el momento en que el árbol de la evolución de los primates se bifurca en tres ramas, una de las cuales conduce, seis millones de años más tarde, a nuestra especie. Esta bifurcación se debe a un cambio brutal en el clima de la Tierra que, entre otras cosas, seca el Mediterráneo y destruye gran parte de la selva africana. Eso hace que distintos grupos de un antepasado nuestro que entonces vivía en África queden aislados unos de otros y evolucionen hacia especies diferentes.

—¿Quién es este ancestro nuestro que vivió hace seis millones de años?

—No lo sabemos, es el eslabón perdido más importante que queda por descubrir. Se sospecha que debía ser un animal básicamente arborícola, pero no hay ningún animal actual que se le parezca y no se ha podido hacer un retrato fiable.

—La creencia de que los humanos venimos de un mono parecido al chimpancé, ¿es errónea?

—Venimos de un mono, pero no como el chimpancé. La clásica historia del chimpancé que se pone de pie y se convierte en humano es errónea. Por un motivo muy sencillo. El chimpancé es un animal que pasa la mayor parte de su vida en el suelo, mientras que nuestro ancestro de hace seis millones de años vivía en los árboles. Así que la historia se tendría que reescribir partiendo de un mono colgado de una rama que saltó al suelo y cayó sobre las dos piernas.

—*Y el gorila, ¿qué lugar ocupa?*

—El gorila es un chimpancé de tamaño enorme. Al igual que el chimpancé, bajó del árbol y cayó sobre cuatro patas, pero después creció mucho más, seguramente para evitar ser cazado. Hay muy pocos depredadores que ataquen a un gorila, igual que hay muy pocos que ataquen a un elefante o a una ballena. Para eso sirve ser grande en la selva, para no ser comido.

—*Si no se conoce el eslabón perdido que vivió hace seis millones de años, ¿cuál es el homínido más antiguo que se conoce?*

—Ni siquiera eso está claro; existe una gran controversia sobre este tema. El candidato más antiguo es un mono vegetariano de hace 4,4 millones de años que se llama *Ardipithecus ramidus.* Fue descubierto en Etiopía a principios de los años noventa y actualmente está siendo estudiado por Tim White, uno de los paleontólogos más prestigiosos del mundo, que ha anunciado que publicará sus conclusiones en el 2001. Pero por ahora no está claro en qué rama del árbol de la evolución de los primates se encuentra el *Ardipithecus,* si en la de los humanos o en otra.

—*Entonces, ¿cuál es el homínido más antiguo confirmado?*

—Es un australopiteco de hace cuatro millones de años que pertenece a la especie *Australopithecus anamensis* y que ya ha hecho una adquisición decisiva para el destino de la humanidad: anda sobre dos piernas de un modo muy parecido a nosotros.

—*¿Qué es exactamente un australopiteco?*

—Los australopitecos son un género, o sea un conjunto de especies estrechamente emparentadas entre ellas, que vivieron en África desde hace unos cuatro millones de años hasta hace un millón y medio de años. El más conocido de todos ellos es la famosa Lucy, una hembra encontrada en los años setenta en Etiopía que probablemente murió devorada por un cocodrilo. Por lo que sabemos hasta ahora, los australopitecos son los fundadores del linaje humano. Lo que ellos aprendieron, sobre todo el hecho de andar sobre dos piernas, es lo que ha permitido luego el desarrollo de las especies del género *Homo*, al cual pertenecemos nosotros.

—*¿Qué tiene de especial andar sobre dos piernas para haber sido tan decisivo en la historia de la humanidad?*

—La invención del bipedismo es el cambio básico que ha desencadenado toda la historia humana. De entrada, el bipedismo deja las manos libres para recoger y transportar alimentos. Además, tener las manos libres es lo que permite usar utensilios y fabricarlos. Muchos científicos creen, por otro lado, que el cerebro de los humanos ha podido crecer gracias al bipedismo, porque nosotros tenemos la cabeza perfectamente equilibrada sobre el eje del cuerpo; en cambio, si a un animal cuadrúpedo le triplicas el tamaño del cerebro, como ha ocurrido a lo largo de la evolución de los homínidos, le puedes desequilibrar. Y en cualquier caso, tener las manos libres y tener utensilios es lo que hace que los humanos empiecen a cazar, que es otro cambio crucial, porque permite incorporar grandes cantidades de proteínas a su dieta, de modo que las hembras ingieren la materia prima necesaria para gestar bebés con cerebros grandes.

—De todos modos, todas estas consecuencias del bipedismo son a largo plazo. Pero la evolución no invierte a largo plazo, sino que cada día hace una selección de los animales que sobreviven. Si los homínidos empezaron a andar sobre dos piernas, significa que de algún modo el bipedismo aumentaba la probabilidad de llegar vivo al final del día.

—Es cierto. Correr con dos piernas es más lento que correr con cuatro, de modo que es más difícil cazar y más fácil ser cazado. A simple vista, parece una mala idea. Pero para entender el origen del bipedismo no debemos fijarnos sólo en las piernas sino en las manos. La pregunta correcta no es «¿qué ventaja tiene andar sobre dos piernas?» sino «¿qué ventaja tiene tener dos manos?». Y la respuesta nos la da un primate de hace nueve millones de años encontrado en Italia, el oreopiteco.

UN MONO CON PIES DE GALLO

—¿Quién era el oreopiteco?

—El oreopiteco es simplemente un descendiente del driopiteco, es decir, de la especie que encontramos en Can Llobateres y de la que hemos hablado en el capítulo 2. Su nombre científico es *Oreopithecus bambolii.* Quedó aislado en una isla del Mediterráneo que se separó del continente hace nueve millones de años, y allí, sin depredadores que lo amenazaran, bajó de los árboles y empezó a andar sobre dos piernas. Luego, cuando el Mediterráneo se secó hace seis millones de años y la isla volvió a quedar unida al continente, entraron los depredadores y se extinguió. Se trata del primate bípedo más antiguo que se conoce. Lo más interesante es que tenía la mano muy parecida a los australopitecos que aparecieron en África cinco millones de años más tarde, pero el pie distinto. Y si el bipedismo ha aparecido dos veces de modo independiente, y la mano ha evolucionado de la misma manera en ambos casos pero el pie lo ha hecho de manera distinta, eso indica que la mano tiene un papel determinante en el origen del bipedismo.

—*¿Cómo son las manos del oreopiteco y las de los primeros australopitecos?*

—De entrada, no tenían una mano tan larga como la que tienen hoy en día chimpancés y orangutanes, sino que la tenían corta como la nuestra. Por lo tanto, no eran manos hechas para ir por los árboles. Por otro lado, tenían el pulgar muy largo, tanto como el resto de los dedos. Y un detalle muy importante: podían flexionar la articulación distal del pulgar, es decir, la que está más cerca de la uña. Esto que parece tan banal, el gesto de encender un mechero, no puede hacerlo ningún primate actual a excepción del hombre.

—*¿Qué tiene de importante?*

—Este gesto sólo lo puedes hacer si tienes fuerza en el pulgar. Y sólo si tienes fuerza en el pulgar podrás coger objetos, haciendo pinza entre el pulgar y el índice. En resumen, el oreopiteco, como más tarde los australopitecos, tenía una mano que había perdido la capacidad de ir por las ramas pero que en cambio podía hacer movimientos muy precisos.

—*¿Y para qué sirve todo esto?*

—Sirve para explotar una fuente de alimentos que hasta entonces estaba desaprovechada: los arbustos y árboles pequeños que dan frutos como moras o higos. Este tipo de vegetación suele ser demasiado alto para los pequeños herbívoros que viven en el suelo y demasiado bajo para los primates que no bajan de los árboles. Los chimpancés, que pasan el 80 por 100 de su tiempo en el suelo, también van a buscar higos y moras. Pero prefieren ir andando a cuatro patas porque, en caso de que aparezca un depredador, pueden escaparse más rápido y subirse al primer árbol que encuentren. Los que se han arriesgado más, los homínidos, son los que se han llevado el gordo.

—Supongo que fue un premio que costó caro ya que, para que los homínidos aprendieran a andar bien, todos los que no andaban suficientemente bien tuvieron que morir sin descendencia.

—En esto precisamente consiste el proceso de selección natural. Y es lo que explica las diferencias entre el pie del oreopiteco por un lado y el de los australopitecos y los humanos por otro. El oreopiteco se crió en una isla donde no había depredadores, de modo que desarrolló un pie estable pero lento. Es un pie en forma de trípode, parecido al de un gallo, que seguramente es el pie más sencillo que puede inventar la evolución para un animal bípedo. El pie humano es más sofisticado. Es un pie que evolucionó en presencia de depredadores, en ecosistemas donde ser rápido era cuestión de vida o muerte.

—¿Qué tiene de rápido el pie humano?

—El dedo gordo de nuestro pie no sale de lado para formar un trípode como el del oreopiteco, sino que es paralelo a los demás. Por lo tanto, contribuye a darse impulso cuando aparece un depredador y hay que salir corriendo. Y no es sólo la posición de los dedos: toda la forma del pie, más larga que ancha, está diseñada para la velocidad.

—De todos modos, ¿no habría sido mejor quedarse cogiendo frutos en los árboles que arriesgarse a bajar al suelo?

—¡Pero es que en los árboles había una competencia enorme! Imagine una selva que ocupa gran parte del África ecuatorial, con una diversidad de primates arborícolas alucinante, que de repente se reduce porque cambia el clima de la Tierra. ¿Qué ocurre entonces? Que la demanda de vivienda y alimento aumenta brutalmente, porque no hay suficientes árboles para tantos primates. El futuro estaba en el suelo. El primate que ingeniara la manera de sobrevivir a los ataques de los depredadores tendría la alimentación asegurada. Y eso es lo que hicieron los homínidos con su pie excepcional.

LUCY Y OTROS AUSTRALOPITECOS

—*Nos encontramos hace cinco o seis millones de años y ya tenemos a nuestros ancestros en el suelo. ¿Cómo evolucionan después los homínidos?*

—Los homínidos más antiguos que se conocen son los australopitecos, a la espera de aclarar si el *Ardipithecus ramidus* que está estudiando Tim White es un homínido o no. Los primeros fósiles de australopitecos tienen una antigüedad de cuatro millones de años. Son animales claramente bípedos y esencialmente vegetarianos, que miden aproximadamente un metro de altura y cuyo cerebro no es más grande que el de un chimpancé. Estos australopitecos se dividen después en dos linajes.

—*¿Cuáles?*

—Por un lado, se desarrollan australopitecos de huesos gráciles, que comen sobre todo frutas y que se extinguen hace unos dos millones de años. Según la mayoría de investigadores, estos australopitecos son los que evolucionaron hacia el género humano. Por otro lado, aparecen australopitecos con un esqueleto mucho más robusto, que comen alimentos más coriáceos como raíces y nueces, y que se extinguen sin descendencia hace un millón y medio de años. Son tan distintos de los australopitecos gráciles que muchos científicos no los consideran australopitecos sino que los clasifican en un género distinto: los parántropos.

—¿Durante todo este tiempo, las distintas especies de homínidos se sucedieron en fila india unas tras otras o bien llegaron a coexistir especies distintas en una misma época?

—La situación actual, en que hay una única especie de homínido en la Tierra, la nuestra, es una excepción. Es un error pensar que, porque ahora es así, siempre lo ha sido. En realidad, durante la mayor parte de la historia de la evolución humana, ha habido coexistencia y competencia entre distintas especies de homínidos en territorios cercanos.

—El australopiteco más famoso, como hemos dicho antes, es Lucy. ¿Quién fue exactamente?

—Lucy es el esqueleto de una hembra de la especie *Australopithecus afarensis* que vivió hace 3,2 millones de años y que fue descubierto en Etiopía en los años setenta. Según han explicado los investigadores que la encontraron, la llamaron Lucy porque esa misma noche hicieron una fiesta para celebrarlo y la única música que tenían en el campamento era una cinta con la canción «Lucy in the Sky with Diamonds» de los Beatles. Al margen del nombre, su fama se debe a que el esqueleto está casi completo y, por lo tanto, ofrece un retrato de cuerpo entero de un australopiteco.

—¿No se sobreestima su importancia?

—En absoluto. Es uno de los fósiles más importantes que se han encontrado jamás en el campo de la evolución humana. Y es importante precisamente porque da una imagen global de un individuo. Esta imagen no se puede obtener a partir de huesos aislados de individuos distintos, que es lo que se tenía antes de Lucy.

LA INTELIGENCIA DE LOS AUSTRALOPITECOS

—*¿Lucy era inteligente?*

—Debía ser más o menos igual de inteligente que un chimpancé porque tenía el cerebro de un tamaño parecido. Además, si los australopitecos hubieran sido más inteligentes, habrían dejado pruebas de su cultura, y estas pruebas no se han encontrado.

—*¿Significa esto que no habían inventado el lenguaje ni los utensilios?*

—El lenguaje seguro que no. En cuanto a las herramientas, probablemente eran capaces de utilizarlas pero no de fabricarlas. Es decir, seguramente podían coger una piedra y usarla para romper una nuez, como hacen hoy en día los chimpancés. O bien coger un palo, sacarle las hojas e introducirlo en un hormiguero para cazar hormigas. Pero eso es utilizar objetos que la naturaleza ofrece. Fabricar un utensilio más sofisticado que un palo es enormemente más complejo.

—*Pero coger un palo y sacarle las hojas ya es empezar a fabricar una herramienta.*

—Es muy distinto. Para coger una piedra y empezar a tallarla hasta obtener un cuchillo como hacían los primeros humanos, uno tiene que ser capaz de imaginar el cuchillo antes de empezar a hacerlo. Porque si uno no tiene el concepto de cuchillo en el cerebro, no se le ocurrirá hacerlo. Puede parecer una tontería, pero fabricar una herramienta requiere una capacidad de abstracción mucho mayor que utilizarla. Y curiosamente las primeras herramientas aparecen hace dos millones y medio de años, en el mismo momento en que aparece el género humano y en que el tamaño del cerebro empieza a aumentar rápidamente.

—*¿Y a lo largo de la evolución de los australopitecos, no se percibe una tendencia hacia una mayor inteligencia?*

—No. El volumen del cerebro no aumentó durante los más de dos millones de años que los australopitecos poblaron la Tierra. Y no es sólo una cuestión de cantidad: los cambios en la organización del cerebro que permitieron que la mente de los homínidos evolucionara hacia una mayor complejidad tampoco aparecieron hasta el género humano. Nos hemos acostumbrado a ver a los australopitecos como parientes muy cercanos a los humanos por el simple hecho de que, por los fósiles que se han encontrado hasta ahora, parecen ser nuestros ancestros directos. Pero probablemente su comportamiento, su inteligencia e incluso sus ciclos de reproducción eran más parecidos a los de los chimpancés que a los nuestros.

—*¿Qué se sabe de su ciclo de reproducción?*

—El estudio de las líneas de esmalte de los dientes ha permitido descubrir a qué edad terminaban su crecimiento los australopitecos. Alcanzaban la madurez sexual a la misma edad que los chimpancés, hacia los siete años, mientras que los humanos hemos alargado la infancia y no somos fértiles hasta que tenemos entre doce y catorce años. Eso, unido al hecho de que australopitecos y chimpancés tenían tamaños similares, vivían en hábitats y sociedades similares y tenían un estrecho parentesco genético, invita a pensar que la vida reproductiva de los australopitecos debía ser similar a la de los chimpancés.

—*¿Qué más se sabe del comportamiento de los australopitecos?*

—Poca cosa. El primatólogo Jordi Sabater Pi piensa, y yo comparto su opinión, que hacían nidos en los árboles para dormir. Al no conocer el fuego, la única manera que tenían los australopitecos de no ser devorados durante la noche era dormir en árboles y la única manera de no caer de los árboles mientras dormían era hacer nidos.

—*En resumen, entre el momento en que los homínidos se pusieron de pie y el momento en que desarrollaron una inteligencia más compleja pasaron cerca de dos millones de años, ¿no es así?*

—Efectivamente. Y esto demuestra que la expansión del cerebro no es una consecuencia directa del bipedismo, como a menudo se ha apuntado erróneamente, porque los australopitecos bípedos no evolucionaron hacia una mayor inteligencia. Y por otro lado demuestra que el motivo por el que apareció la marcha bípeda no fue para que quedasen las manos libres para fabricar herramientas, como también se ha dicho erróneamente. La ventaja inicial de tener las manos libres fue que facilitó la recolección de alimentos. Y miles de generaciones más tarde, una minoría de homínidos que ya tenían un cerebro más grande y complejo aprovecharon esta ventaja para, además, fabricar herramientas.

HOMÍNIDOS CON MOTOR DE INYECCIÓN

—*¿Los primeros homínidos ya andaban como nosotros o bien la marcha bípeda ha ido evolucionando en estos cuatro millones de años?*

—Básicamente los australopitecos andaban de una forma y los humanos andamos de otra. Ha habido evolución, pero no ha sido gradual a lo largo de los cuatro millones de años sino que se produjo un gran cambio cuando apareció el género humano hace dos millones y medio de años.

—*¿Qué diferencia hay entre cómo andaban los australopitecos y cómo andamos los humanos?*

—Los australopitecos tenían las piernas y el tronco cortos,

el tórax en forma de campana y la pelvis muy ancha. Nosotros, por el contrario, tenemos las piernas y el tronco más largos, el tórax en forma de barril y la pelvis más estrecha. Estas diferencias hacen que los humanos podamos correr más rápido que los australopitecos, lo que probablemente se debe a que los primeros humanos se aventuraron en un ambiente de sabana abierta, donde se cazaba a la carrera, mientras que los australopitecos vivían en un ambiente más boscoso donde se cazaba por emboscada.

—Disculpe, pero, ¿qué tiene que ver la forma del tórax con el hecho de correr más o menos rápido?

—El tórax en forma de campana es común entre los primates que viven en los árboles y no tienen necesidad de correr. Pero a los primates que bajaban al suelo y de repente se encontraban con un león les hacían falta unos pulmones capaces de coger suficiente oxígeno lo bastante rápido para poder echar a correr y salvarse. Les hacía falta un motor de inyección. Y si además necesitaban correr grandes distancias, como parece que era el caso de los primeros humanos para perseguir a sus presas, entonces les hacía falta un gran depósito de combustible. Los humanos resolvieron todo esto cambiando el tórax y dándole forma de barril.

—La ventaja de tener las piernas largas está clara: cuanto más grande es cada paso, más se corre y menos se muere. Pero, ¿y la pelvis estrecha?

—Muy sencillo. Cuanto más cerca de tu eje de gravedad concentras tu peso, más estabilidad tienes: puedes controlar mejor el equilibrio durante la rotación del tronco cuando corres y, por lo tanto, más rápido puedes ser. Si pudiéramos concentrar toda nuestra masa en un hilo, seríamos más rápidos que los guepardos. Por el contrario, cuanto más ancho eres, más te cuesta controlar el centro de gravedad. Eso induce a pensar que los australopitecos, que tenían la pelvis ancha, nunca habrían ganado la medalla de oro de los cien metros lisos.

—*¿Los humanos hicieron algún otro invento importante para ser más rápidos?*

—Sí, el modo en que movemos los brazos a la hora de correr, adelantando primero uno y luego otro al mismo tiempo que giramos el tórax, ayuda a equilibrar el cuerpo, o sea, a controlar el centro de gravedad. Además, los brazos se nos han vuelto más cortos que las piernas, algo que a los orangutanes por ejemplo no les ha ocurrido ya que no les hace falta concentrar el peso cerca de su eje de gravedad. Todo esto hace que, por muy rápido que corramos, nuestro centro de gravedad siga una trayectoria sin sacudidas y no nos desequilibremos. En cambio, cuando un chimpancé intenta correr, parece que siempre esté a punto de caerse.

—*¿Por qué desaparecieron los australopitecos?*

—Seguramente por la coincidencia de un cambio climático y la competencia de los primeros humanos. Los últimos restos de australopitecos tienen una antigüedad de 1,6 millones de años y corresponden a una época en que se produjeron grandes glaciaciones en los polos y en que en África se degradó la selva y se abrieron grandes sabanas. Los humanos, con su locomoción rápida, su dieta carnívora y su inteligencia, estaban mejor adaptados a estas sabanas que los australopitecos.

SEGUNDA PARTE

LOS HUMANOS

Eudald Carbonell y Josep Corbella

Las principales especies humanas

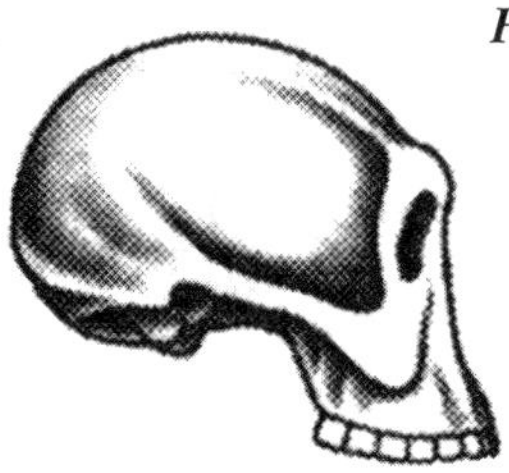

Homo habilis

Época: 2,5-1,6 millones de años
Volumen del cerebro: 600-800 cc
Distribución: este y sur de África

– Su dieta incluía carne y tenía el cerebro más grande y los dientes más pequeños que sus ancestros australopitecos

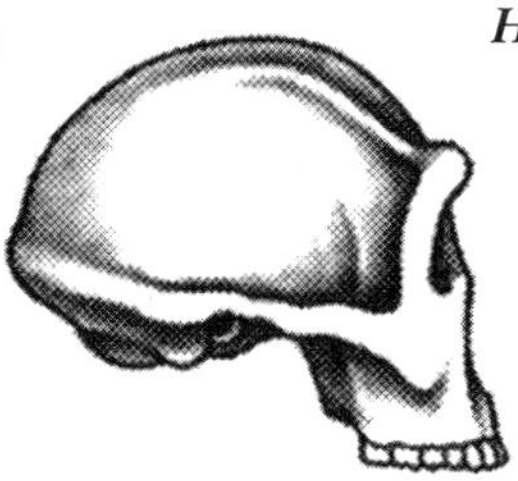

Homo erectus

Época: 1,8-0,1 millones de años
Volumen del cerebro: 800-1.000 cc
Distribución: África, Asia e Indonesia

– Tenía una altura y unas proporciones de brazos y piernas similares a las de los humanos actuales, pero una fisonomía aún primitiva

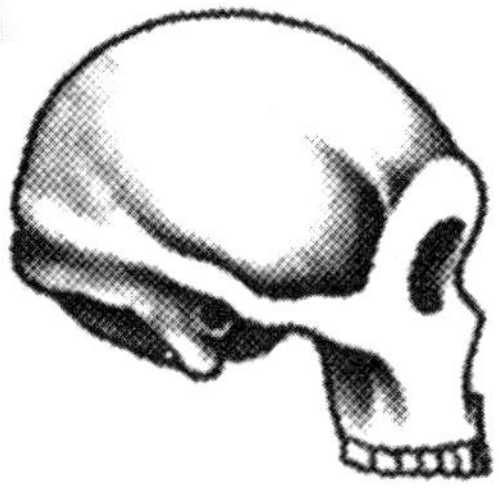

Neandertal

Época: 150.000-30.000 años
Volumen del cerebro: 1.200-1.500 cc
Distribución: Europa y Asia oriental

– Tenían la misma altura que los humanos actuales, pero eran de constitución más robusta

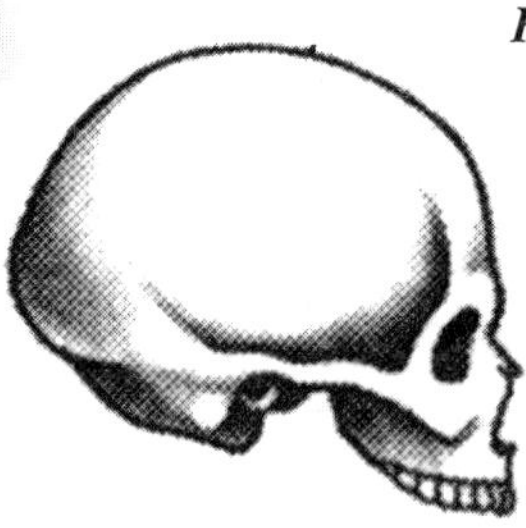

Homo sapiens

Época: desde hace 150.000 años
Volumen del cerebro: 1.100-1.400 cc
Distribución: todos los continentes excepto la Antártida

– Originario de África, se ha extendido por todo el mundo y ha provocado la extinción de otras especies de homínidos

4.

LA INFANCIA DE LA TECNOLOGÍA

POR QUÉ SOMOS HUMANOS

JOSEP CORBELLA: *Estamos en África hace dos millones y medio de años. Acaba de aparecer un primate inusual, el primer representante del género humano. ¿Qué significa ser humano? ¿Qué tiene de humano aquel primate que no tuvieran los de hace tres millones de años?*

EUDALD CARBONELL: Lo que nos ha convertido en humanos es la tecnología. Los humanos básicamente fabricamos utensilios, y eso es lo que empezó a hacer aquella gente de hace dos millones y medio de años. Nosotros no estamos sometidos sólo a la selección natural sino también a la selección técnica, y es esta selección técnica la que ha provocado que a lo largo de la historia unos grupos humanos hayan tenido más éxito que otros.

—Pero ¿la selección técnica no es una forma de selección natural? Al fin y al cabo, los humanos somos animales y todo lo que hacemos, aunque sea resolver ecuaciones, lo hacemos porque nuestra biología nos lo permite.

—Pero no es lo mismo. Somos un organismo biológico, de acuerdo. Pero nos diferenciamos de las otras formas de vida en que tenemos una inteligencia operativa muy desarrollada, no sólo una inteligencia natural como la que permite a un gorila comprender su entorno, sino una inteligencia que nos permite fabricar objetos. Y nos diferenciamos también en que hemos entendido que tenemos un tiempo de vida y un espacio donde vivimos. Nosotros somos capaces de cuestionarnos acerca de nuestro origen y nuestro destino, cosa que no hace ningún otro animal. Somos conscientes del tiempo. Somos conscientes de que moriremos.

—*Y aparte del hecho de ser conscientes de que moriremos, ¿cuáles son los rasgos distintivos de los humanos?*

—Por un lado están los estrictamente biológicos, como el bipedismo, la estructura de las manos, con un pulgar que puede oponerse para pinzar, la visión en terrenos abiertos... Pero todas estas características son anteriores a la aparición del género humano. Son el sustrato biológico sobre el que se sustentan las adquisiciones culturales que ya son plenamente humanas: la producción de herramientas, el dominio del fuego, el lenguaje, el arte, la religión...

—*Estas adquisiciones culturales, ¿ya las habían hecho los primeros humanos?*

—La única de estas adquisiciones que habían hecho los primeros representantes del género *Homo* era probablemente la producción de herramientas. Las otras aparecen más tarde en la evolución. No hay una Creación en el sentido bíblico que hace que un día aparezcan de repente los humanos con todas las características humanas. Es un proceso lento y gradual que culminó hace unos 400.000 años.

—*¿Culminó en qué sentido?*

—En el sentido de que en esa fecha se cruza una frontera decisiva. En muy poco tiempo, aparecen las primeras formas de arte, los primeros entierros, la producción del fuego y otras adquisiciones que definen lo que nosotros entendemos por ser humano. No sabemos cuál es la especie que hizo todos estos inventos, pero sabemos que no es la nuestra, ya que aún faltaban 200.000 años para que naciera el primer *Homo sapiens.*

—Hace dos millones y medio de años, hemos dicho, aparece el género humano. ¿Qué motiva su aparición?

—La selección técnica. Desde el principio, los humanos se adaptan porque fabrican herramientas. Básicamente son herramientas de madera, de piedra, de piel y quizá también de hueso. Pero durante su primer millón de años en la Tierra no producen herramientas de manera sistemática. Los hacen y los abandonan. De esa época se han encontrado cantos de río tallados a golpes para que tuvieran un filo cortante. Son cuchillos rudimentarios que no debían ser demasiado difíciles de hacer, porque si no, no los habrían abandonado.

—¿Y qué ocurre después?

—Hace un millón y medio de años, aparece una tecnología nueva: el achelense. La producción de herramientas se vuelve más sofisticada. Entonces a los humanos ya no les basta con coger una piedra y darle un golpe para obtener un cuchillo sino que empiezan a trabajarla con golpes mucho más precisos para obtener un cuchillo mejor. Empieza el trabajo en cadena y los utensilios pasan a ser bienes que se guardan y que, por lo tanto, posiblemente se poseen, se intercambian y, cuando el utensilio es lo bastante valioso, se dejan en herencia.

LOS PRIMEROS HUMANOS

—¿Quiénes fueron los fundadores del linaje humano hace dos millones y medio de años?

—El fósil humano más antiguo que se ha encontrado es un paladar de *Homo habilis.* Era una especie con un cerebro de entre seiscientos y ochocientos centímetros cúbicos, es decir, la mitad del nuestro, que medía poco más de un metro de altura, que tenía una complexión robusta y que tenía una postura perfectamente bípeda. Sabemos que fabricaba utensilios y que vivía en sociedades cazadoras-recolectoras donde ya había cierta división del trabajo. Pero desconocía el fuego, no enterraba a los muertos, no tenía arte y no se vestía. También sabemos, y es un dato importante, que nunca salió de África.

—Probablemente los restos humanos más antiguos que se han encontrado no sean los más antiguos que existieron. ¿Podría ser que el Homo habilis *no fuera el fundador del linaje humano?*

—Sí que podría ser. De hecho, hay una fuerte controversia entre los expertos en evolución sobre quién fue el *Homo habilis.* Su anatomía es tan distinta de la de las demás especies humanas y de la de los australopitecos que nadie sabe realmente dónde encasillarlo. Con los fósiles encontrados hasta ahora no queda claro si es la especie seminal que dio origen a todos los humanos posteriores o una rama secundaria de la evolución.

—¿Hay algún otro candidato para ser esta especie seminal?

—Podrían ser los *Homo rudolfensis.* Se han encontrado sólo tres fósiles de esta especie: un cráneo razonablemente completo, que indica que tenían un cerebro de setecientos cincuenta centímetros cúbicos, y dos fragmentos de fémur, nada más. Pero estos restos bastan para saber que eran humanos y que aparecieron hace más de dos millones de años; por lo que podrían ser perfectamente los padres fundadores del género *Homo.* De todos modos, lo importante quizá no sea tanto quiénes fueron exactamente los primeros humanos sino el hecho de que hace dos millones y medio de años ya había una especie de homínidos que tallaban herramientas y de la cual derivan todos los humanos posteriores, incluidos usted y yo.

PRIMERAS PALABRAS

—*¿Tenían lenguaje estos primeros humanos?*

—Así lo creen los expertos que han estudiado cráneos de *Homo habilis*. En el interior de los cráneos hay pequeños relieves y depresiones que se interpretan como un molde de las depresiones y los relieves del cerebro. El análisis de un cráneo permite deducir a grandes rasgos la forma del cerebro que había en su interior, del mismo modo que mirando un negativo se puede deducir cómo es una foto. En el cráneo de los *Homo habilis* se ha observado una cavidad que corresponde al área de Broca, una de las regiones del cerebro donde nosotros tenemos programado el lenguaje. Esto ha llevado a algunos expertos a afirmar que los *Homo habilis* ya tenían una forma primitiva de lenguaje oral.

—*¿Y cómo debía ser este lenguaje?*

—Yo, personalmente, no creo que tuviesen un lenguaje articulado tan eficiente como el nuestro, porque entonces su cerebro tendría que haber sido mayor y habríamos encontrado pruebas de una cultura más avanzada. Sin embargo, es posible que tuvieran una forma de comunicación intermedia entre la de los primates que se comunican mediante sonidos, por ejemplo para avisarse entre ellos cuando hay algún peligro, y la nuestra. Sería posiblemente un lenguaje monosilábico, gramaticalmente desestructurado, pero suficiente para la vida de un *Homo habilis*.

—*Con lenguaje o sin él, los* Homo habilis *consiguieron transmitir el conocimiento para fabricar utensilios de generación a generación. ¿Debía de haber ya intención pedagógica?*

—Seguro. Ya no se trataba sólo de adquirir costumbres del grupo en el que se vive, como se observa en algunos primates, sino que había ya una intención clara de enseñar. Ésta es una de las claves del éxito del género humano: la pedagogía. Uno de los cambios más importantes que se produjeron en las primeras sociedades humanas fue precisamente el de dedicar más tiempo al aprendizaje. Es esto lo que permitió transmitir cada vez más información de manera cada vez más eficiente y propició el crecimiento del cerebro, lo que a su vez permitió la transmisión de más información. La pedagogía es una pieza clave en este sistema que se retroalimenta.

ELOGIO DEL CAOS

—*Antes ha destacado que los* Homo habilis *no salieron de África. ¿Por qué es importante?*

—Porque demuestra que los utensilios de los que disponían eran todavía muy rudimentarios. Si hubieran inventado una tecnología más evolucionada, se habrían extendido. Primero habrían crecido demográficamente y eso habría obligado a algunos *Homo habilis* a salir de África para ir a probar suerte en otro lugar. Pero eran pocos y estaban en equilibrio con su entorno, de modo que no tenían ningún potencial para evolucionar. Porque cuando una especie está en equilibrio con el entorno, la evolución no funciona.

—*Lo dice como si fuera negativo.*

—Es que lo que funciona biológicamente, e históricamente también por cierto, es la entropía, la tendencia al caos. Eso no sólo afecta a la vida en la Tierra, es un principio universal. Todo en el Universo tiende a la complejidad y al caos. Y en biología, aunque a primera vista no lo parezca, sucede lo mismo. Es la entropía, y no el equilibrio, lo que hace que los organismos se muevan y que las especies se extiendan.

—*Los* Homo sapiens *siempre nos hemos extendido. ¿Significa eso que nunca hemos estado en equilibrio con nuestro entorno?*

—Basta con mirar un informativo un día cualquiera para darse cuenta de que no. La violencia forma parte de nuestra estrategia de crecimiento, y los desastres ecológicos también. Tenemos un sentido claustrofóbico del entorno, una necesidad constante de buscar nuevos lugares. Nuestro gran factor de corrección es la cultura, que pone orden en el desorden. O sea, si la entropía es la tendencia al caos, la cultura es la tendencia al orden. El éxito de la humanidad se basa precisamente en corregir la entropía a través de la cultura.

UNA NUEVA SOCIEDAD

—*Volvamos a los primeros humanos. Hemos visto con Salvador Moyà que los australopitecos, sus ancestros, vivían aún en un entorno boscoso, pero que ellos escogieron la sabana. Supongo que, hasta que no aprendieron a sobrevivir en este medio nuevo donde abundaban los depredadores y escaseaban los escondites, la mortalidad debió de ser enorme.*

—Es muy posible. No es lo mismo hacer un nido en un árbol para pasar la noche que pasarla en el suelo. Y a la hora de proteger a las crías, tampoco es lo mismo un árbol en buenas condiciones que una sabana abierta.

—*¿Cómo se las arreglaban los primeros humanos para no ser devorados por los leones por la noche?*

—Los *Homo habilis* aún no disponían del fuego para ahuyentar a los depredadores, pero podían tener una división del trabajo con gente dedicada a tareas de vigilancia mientras el resto del grupo dormía. Y si aparecían los leones, es probable que los vigilantes despertaran a todo el grupo y todos empezaran a hacer ruido, a tirar piedras o a hacer lo que fuera para ahuyentarlos. Es más verosímil esto que la posibilidad de que durmieran en nidos.

—*¿Y no podría ser que durmieran en cabañas?*

—No creo que los primeros humanos, con sus herramientas primitivas, fueran capaces de construir cabañas. Seguramente las cabañas, que en el fondo no son más que nidos hechos en el suelo, aparecieron más tarde, hace quizá un millón y medio de años, gracias a la tecnología achelense.

—*¿Cambiar el hábitat boscoso por la sabana hizo que cambiasen las relaciones sociales entre los primeros humanos?*

—Probablemente fue este cambio de hábitat el que hizo que los homínidos empezaran a tener más interés en proteger las crías. Porque los homínidos tienen muy pocas crías y con muy poca frecuencia, por lo que no se pueden permitir el lujo de perderlas. Es lógico que, cuanto más grande sea el peligro que corren las crías, por ejemplo en el momento de emigrar a la sabana, más las tengan que proteger los padres.

—*Cosa que debió potenciar los sentimientos de afecto hacia los hijos.*

—Evidentemente. No es por casualidad que los humanos, como los primates superiores, establezcan vínculos tan fuertes con sus crías; es por una necesidad de supervivencia de la especie. Y estos vínculos entre padres e hijos tienen una gran importancia en la historia de los humanos, porque refuerzan los grupos, ya que una cría bien criada conserva una estrecha relación con sus padres. Y el hecho de reforzar los grupos permite que las comunidades puedan ser más numerosas y que aparezcan nuevas estructuras sociales jerárquicas.

—*¿Por qué jerárquicas?*

—Porque los grupos grandes sólo pueden funcionar con jerarquías. No sólo los grupos humanos. También los de abejas, hormigas, lobos, gorilas... Los de cualquier animal social. Todos los grupos tienen una tendencia natural al desorden. Y cuando se llega a un número crítico, hace falta una estructura organizada para seguir funcionando. El desorden que generarían cien personas sin organización haría que el grupo se desintegrara. Y la jerarquía es la estructura organizada más sencilla para limitar este desorden.

DE LA HERRAMIENTA AL CEREBRO

—*En el mismo momento en que aparecen los primeros humanos, aparecen las primeras herramientas y el cerebro crece. Entre herramientas y cerebro, ¿cuál es la causa y cuál la consecuencia?*

—La producción de herramientas es la causa del crecimiento del cerebro. Es decir, en cuanto se empiezan a producir herramientas, los homínidos con un cerebro más potente son seleccionados, mientras que los que tienen el cerebro más limitado se extinguen sin descendencia. Pero este es un proceso que se retroalimenta, porque la tecnología implica la selección de un cerebro grande pero el cerebro grande implica a su vez un desarrollo de la tecnología.

—*Vayamos a la causa de la causa. ¿Por qué la producción de herramientas aparece hace dos millones y medio de años y no antes?*

—En aquel momento África sufre una crisis climática de grandes dimensiones: la selva retrocede, la sabana se extiende y la vida de los australopitecos se ve totalmente alterada. Parte de los australopitecos opta por refugiarse en los bosques y se adapta a una alimentación de vegetales duros. Son los australopitecos robustos, los parántropos. Otros australopitecos, más gráciles, que derivarán hacia los humanos, se aventuran en la sabana y prueban nuevos alimentos como carroñas y, más adelante, animales que cazan. Es en este proceso que se crean las herramientas. No se crean para comer vegetales, ya que para conseguir vegetales no hacen falta cuchillos, sino que se crean para conseguir carne.

—*¿Qué sucede después?*

—Hace un millón y medio de años tiene lugar uno de los hechos más decisivos de la historia de la humanidad. Se inventa una nueva forma de tallar las herramientas que lo cambia todo: el achelense. La revolución que los instrumentos achelenses desencadenan en las sociedades de aquella época es comparable a la revolución del ordenador en las sociedades modernas. Son instrumentos muy versátiles que permiten desde cortar madera hasta descarnar un animal o raspar una piel. Tras este invento, ya nada volverá a ser igual para los humanos.

—*¿Quién inventa el achelense?*

—Los *Homo ergaster.* Son una especie que vive desde hace 1,8 millones de años hasta hace 1,4, que mide más de un metro setenta de altura y que ya tiene un cerebro de ochocientos cincuenta centímetros cúbicos, lo que equivale a dos tercios del nuestro. No está claro el lugar exacto que ocupan en el árbol genealógico de la humanidad, pero es muy probable que nosotros seamos descendientes directos suyos.

CAMBIOS ANATÓMICOS

—*¿Cómo se explica que los* Homo ergaster *midieran más de un metro setenta si los* Homo habilis *apenas pasaban de un metro? ¿Por qué aumenta el tamaño de los humanos a lo largo de la evolución?*

—Seguramente porque el desarrollo de la tecnología permite conseguir más alimentos, lo que a su vez permite sostener un cuerpo más grande. El tamaño de los organismos viene determinado por la cantidad de alimento disponible. En Sicilia, por ejemplo, evolucionaron elefantes enanos porque, como no había recursos para alimentar grupos de elefantes grandes, los elefantes pequeños fueron los que más sobrevivieron y se reprodujeron. En general, los animales son tan grandes como los recursos les permiten, porque el tamaño es un seguro de vida contra los depredadores. Y los primeros humanos no escapaban a esta norma.

—*Pero los humanos posteriores sí que escapamos a ella. Tenemos más alimentos pero no somos más altos que los* Homo ergaster.

—Porque a nosotros ya no nos hace falta crecer más para protegernos de los depredadores. Con nuestra altura y nuestras herramientas nos basta.

—*Otra tendencia que se observa a lo largo de la evolución humana es que la diferencia de tamaño entre hombres y mujeres se reduce.*

—Así es. En los australopitecos, los machos eran mucho más grandes que las hembras. En los primeros humanos también. Después el tamaño de los hombres se ha mantenido más o menos estable mientras que el de las mujeres no ha dejado de aumentar, de modo que las diferencias se han ido reduciendo. Pero no está claro por qué.

—*¿Podría ser porque, si las mujeres midieran por ejemplo un metro veinte, esto limitaría el tamaño del cerebro de los bebés y en consecuencia el tamaño del cerebro de los adultos? Quizá, para que crezca el cerebro a lo largo de la evolución, hace falta que la pelvis femenina sea cada vez más grande y por lo tanto conviene que las mujeres sean cada vez más altas.*

—Es posible. Si los bebés nacieran con el cerebro tan grande como ahora pero las madres fueran más pequeñas, morirían muchas más madres y niños en los partos. De hecho, hasta hace pocos años en Europa occidental eran frecuentes las muertes durante el parto. Éste es un tema que la especie humana aún no tiene totalmente resuelto. De modo que es lógico que las mujeres altas con pelvis grandes tuvieran más probabilidades de tener descendencia en el pasado y, por lo tanto, que hayan sido seleccionadas a lo largo de la evolución.

CAZA Y EXTINCIONES

—*Volvamos a África, a la época en que aparece el achelense. ¿En aquel momento quedaban todavía australopitecos y parántropos o ya sólo había humanos?*

—Es muy curioso porque, hasta hace un millón y medio de años, convivieron en el este de África cinco o seis especies de homínidos, tanto humanos como australopitecos gráciles y parántropos. Después, en pocos miles de años, se extinguieron prácticamente todas y quedó sólo una especie humana. Estas extinciones coincidieron precisamente con la aparición del achelense. Probablemente todas estas especies competían por unos mismos recursos y, en el momento en que una empezó a explotar los recursos con más eficiencia, las demás se extinguieron. Sería uno de los primeros ejemplos de selección técnica.

—*¿Podría ser que estos humanos, que como hemos visto comían carne, cazaran australopitecos y parántropos?*

—Estoy seguro de que lo hacían. Los humanos de hace un millón y medio de años eran cazadores-recolectores y veían su entorno como una fuente de alimentos. Para ellos, no había diferencia entre un herbívoro cuadrúpedo y un herbívoro bípedo como un parántropo. Todo era carne. No pensaban: eres un primate como yo, tengo que respetarte. Incluso hoy en día hay sociedades donde el hecho de comer primates es común.

—*¿Y cómo debieron apañárselas los primeros humanos para cazar australopitecos y parántropos?*

—Como todos los animales sociales, los homínidos cazaban en grupo. En un combate cuerpo a cuerpo hubiera sido muy difícil que un humano pudiera matar a un parántropo, que era más pequeño pero más robusto. Un combate así habría supuesto jugarse la vida por una comida. Además, los australopitecos y los parántropos debían ser presas difíciles por su inteligencia. Es probable que los primeros humanos prefirieran cazar animales más pequeños y sólo se arriesgaran a atacar a otros homínidos en condiciones extremas de falta de alimento.

—*Y estos ataques en grupo, ¿debían ser con armas?*

—Seguramente los *Homo ergaster* utilizaban palos. No tenemos pruebas directas porque la madera no se preserva como los huesos, pero se han encontrado herramientas de piedra que fueron utilizadas para trabajar la madera.

EL ORIGEN DE LA GUERRA

—*¿Es posible que estas cacerías derivaran hacia unas primeras guerras entre humanos y australopitecos?*

—Sí que es posible, ¿por qué no? De hecho, se ha observado que los chimpancés, que son sociales y políticos como los humanos, hacen guerras por el territorio. Jane Goodall, que ha estudiado una comunidad de chimpancés en la selva de Tanzania desde los años sesenta, documentó una guerra entre dos grupos vecinos que duró cuatro años y terminó cuando uno de los grupos quedó totalmente extinguido en 1978. Por lo tanto, es muy posible que los primates de hace un millón y medio de años también hicieran guerras. Pero éste es un terreno muy especulativo. En algunos yacimientos se han encontrado parántropos y humanos asociados, lo que significa que coincidieron y que pudieron surgir tensiones entre ellos, pero no se ha encontrado ningún parántropo decapitado.

—*Se lo pregunto porque, si las guerras empezaron hace un millón y medio de años o más, quizá estemos genéticamente programados para pelearnos. Quizá la guerra sea, paradójicamente, una de las estrategias que han desarrollado los humanos para sobrevivir.*

—Así es. ¿Qué lógica tiene que nos matemos entre nosotros? ¿Qué lógica tiene una guerra mundial con cincuenta y cinco millones de muertos? A partir del momento en que se ha producido, debe de existir una explicación, pero ¿cuál?

—*Usted dirá.*

—La guerra podría ser una estrategia de supervivencia en situaciones críticas en que la propia vida estuviera en peligro, por ejemplo por falta de alimento, y fuera necesario coger las armas para salir adelante. Es posible que esto explique en parte muchos de los conflictos que ha habido a lo largo de la historia. Pero, incluso en las sociedades donde la gente tiene la vida asegurada, hay una tensión continua, así que tiene que haber una explicación más profunda.

—*¿Cuál?*

—Históricamente se ha explicado en términos de lucha de clases, de guerras por el territorio, de conflictos por intereses económicos... Pero estas explicaciones tienen todas un punto en común: todas son luchas por los recursos. En el fondo, todos estos conflictos pueden interpretarse como luchas ecológicas, es decir, como versiones modernas de la competencia por los recursos naturales que había entre los *Homo ergaster* y los últimos australopitecos. Las guerras no son un invento moderno. Al contrario, los *Homo sapiens* nos hemos desarrollado gracias a esta lucha constante por los recursos entre los propios humanos. Forma parte de nuestra estrategia de supervivencia.

—Es paradójico, porque la guerra más bien parece reducir las probabilidades de sobrevivir.

—Si los conflictos entre los humanos son tan universales, es que en el pasado fueron rentables para la supervivencia. Ciertamente hay casos en que las probabilidades de sobrevivir de los individuos se reducen. Pero hay que distinguir la supervivencia individual y la del grupo porque, cuando uno consigue más recursos, no sólo aumentan sus propias probabilidades de sobrevivir sino también las de su familia y por lo tanto las de sus genes.

—Desde esta perspectiva, ¿las naciones pueden interpretarse como versiones ampliadas de las familias?

—En su origen, las naciones son constructos de linajes que se dotan de normativas políticas y sociales. Hay mucha gente dispuesta a morir por estos constructos, que en el fondo son muy abstractos, porque ya no se trata de combatir por la familia, ya no es arriesgar la vida para que quienes tienen los mismos genes sobrevivan, sino combatir por una bandera, por un territorio o por un sentimiento de pertenencia a un grupo social.

5.

ÉXODO

LA GRAN MIGRACIÓN

—Hoy en día nuestra especie ocupa toda la tierra pero los primeros humanos, los Homo rudolfensis *y los* Homo habilis, *sólo conocieron África. ¿Cuándo sale de África la humanidad?*

—No se sabe exactamente. La datación de los yacimientos donde se han encontrado restos humanos más antiguos fuera de África es controvertida. La edad máxima que se ha propuesto es de 1,8 millones de años, porque hay expertos que sostienen que restos humanos encontrados en Java y en el Cáucaso tienen esa edad. Pero las pruebas de datación son poco concluyentes y a mí, personalmente, esa edad no me parece verosímil.

—Si 1,8 millones de años es la edad máxima, ¿cuál es la edad mínima para la cual hay pruebas claras de que la humanidad ha salido de África?

—Hay pruebas irrefutables que indican que hace aproximadamente un millón y medio de años los homínidos ya habían llegado a lo que ahora es Georgia y que hace un millón de años habían llegado al este de Asia y al oeste de Europa. Por ejemplo, en los yacimientos de la sierra de Atapuerca, cerca de Burgos, hemos encontrado herramientas de más de un millón de años de antigüedad.

—Dice que 1,8 millones de años no le parece una edad verosímil para el primer éxodo de África, pero que hace 1,5 millones de años ya se había producido. ¿Tanta diferencia hay?

—Si se marcharon de África fue porque pasó algo que les hizo marcharse. Los humanos, si estamos bien en un lugar, normalmente nos quedamos. Y lo que les hizo marcharse, muy probablemente, fue la competencia con otros humanos. A partir del momento en que unos grupos adquirieron la tecnología del achelense y empezaron a explotar los recursos naturales de modo más eficiente, los grupos que no la adquirieron se vieron obligados a cambiar de residencia para ganarse la vida. Y debieron de hacerlo hace poco más de un millón y medio de años, que es la fecha en que apareció el achelense.

—¿A qué especie pertenece esta primera generación de emigrantes?

—No está claro. Hay expertos que dicen que son *Homo erectus* y otros que dicen que son grupos de *Homo ergaster.* La verdad es que son dos especies muy parecidas. Ambas miden más de un metro setenta de altura, ambas tienen un cerebro de casi un litro, ambas aparecen hace poco menos de dos millones de años. Más adelante, los *Homo erectus* se instalan en Asia y no desaparecen hasta hace unos 200.000 años, mientras que los *Homo ergaster* se extinguen hace más de un millón de años. Pero en cualquier caso, la cuestión de quién fue el primero en salir de África no es la más importante. Lo importante es que hace cerca de un millón y medio de años ya había una especie humana que había desarrollado una tecnología lo bastante avanzada para obligar a sus coetáneos a emigrar más allá del Sinaí.

—Este primer éxodo, ¿lo protagonizaron grandes grupos, o más bien familias aisladas o individuos solos?

—Debían ser grupos enteros de humanos que no habían desarrollado la tecnología achelense, grupos de no más de veinte personas que emigraban a Asia como en el siglo XIX se emigraba a América, para probar fortuna. Los primeros se marcharon probablemente hace un millón y medio de años, pero el flujo migratorio debió durar centenares de miles de años.

—*¿Los que estaban en Atapuerca hace un millón de años eran descendientes de los primeros que habían emigrado medio millón de años antes?*

—No, los de Atapuerca pertenecen a una especie diferente, el *Homo antecessor*, que probablemente sea descendiente directo del *Homo ergaster* y ancestro directo nuestro. Creemos que el *Homo antecessor* apareció en África y emigró. El tronco principal de la evolución humana ha estado siempre en África. Todo lo que ha pasado en Europa y en Asia son ramificaciones secundarias. Lo que ocurre es que todos los homínidos que han aparecido en África después del *Homo ergaster* han emigrado. Y después de emigrar, prosperan, porque llegan a tierras vírgenes donde no encuentran la competencia que tenían en África. Pasan de ser los parias de África a ser los reyes de Asia y Europa.

ADULTOS CON CARA DE NIÑO

—*¿Cómo era físicamente un* Homo antecessor*?*

—Por ahora se han encontrado restos de seis individuos, unos ochenta fósiles en total, entre los que hay fragmentos de tibias, de clavículas, de cráneos y sobre todo dientes. Estos fósiles indican que eran individuos de constitución robusta, que debían medir cerca de un metro sesenta de altura al llegar a la edad adulta y que ya tenían un cerebro de un litro. Lo más importante es que, aparte de unas cejas especialmente prominentes y de la ausencia de mentón, porque el mentón es un invento de hace apenas 200.000 años, tenían la cara igual que la nuestra. Es decir, tenían una nariz como la nuestra y unos pómulos planos en vez de inclinados hacia atrás como los *Homo ergaster*.

—*¿Qué tiene de importante?*

—La forma de la cara se ha deducido a partir del maxilar de un niño de unos once años. Demuestra, por un lado, que la cara moderna no es tan moderna como se creía, ya que hace un millón de años ya existía. Por otro lado, demuestra que el *Homo antecessor* es ancestro directo nuestro, ya que tenemos en común un rasgo tan excepcional como la forma de la cara, que hasta el descubrimiento del *Homo antecessor* se consideraba exclusivo de nuestra especie. Y además demuestra que los adultos de nuestra especie, usted y yo, hemos heredado la cara de los niños de los *Homo antecessor*. Es decir, somos neoténicos.

—*¿Qué significa neoténicos?*

—La neotenia es un proceso por el cual se conservan en la edad adulta características de la edad infantil. Por ejemplo, el hecho de que nosotros tengamos una cara que originariamente, hace un millón de años, era una cara de niño.

—*Si la evolución ha optado por la neotenia a la hora de moldear la cara es porque debe tener alguna ventaja. ¿Cuál es?*

—No lo sabemos.

—*¿Podría ser que, al tener los niños el cerebro más grande respecto al cuerpo que los adultos, cuando la evolución ha tenido que inventar una especie de homínido con un cerebro mayor, haya aprovechado el modelo de los niños de la especie anterior? Al fin y al cabo, la neotenia parece el proceso más fácil de que dispone la evolución para aumentar el tamaño del cerebro.*

—Es muy posible.

LOS PRIMEROS CANÍBALES

—*¿Qué sabemos acerca de la vida de los* Homo antecessor *a partir de los fósiles encontrados hasta ahora?*

—Los huesos de los seis individuos tienen marcas de cortes que indican que los descarnaron. Son las pruebas de canibalismo más antiguas que se conocen. Además de caníbales, eran carniceros muy sofisticados. Las vértebras cervicales tienen marcas dejadas por cuchillos de sílex en el momento de cortar el músculo del cuello para separar la cabeza del resto del cuerpo. Son cortes muy precisos, que indican que antes ya habían cortado muchas cabezas antes que estas y, por lo tanto, que tenían una estructura social lo bastante compleja como para transmitir este tipo de conocimiento.

—*¿Por qué se comían a sus congéneres?*

—El canibalismo, aunque a nosotros nos pueda parecer escandaloso, se da en varias especies de primates. Se ha observado en chimpancés, por ejemplo, se ha observado en babuinos y se ha observado en nuestra propia especie. Y se puede producir por distintos motivos.

—*¿Cuáles?*

—En primer lugar, se puede producir por una simple necesidad de alimentación; cuando los alimentos habituales escasean, es posible que se empiecen a probar alimentos que no se han probado qantes; entre ellos, miembros de tu misma especie. En segundo lugar, el canibalismo puede ser una estrategia para eliminar competidores; cuando hay una fuerte lucha por los recursos, una forma de reducir la presión es eliminar a los que compiten por los mismos recursos que tú; esta estrategia no tiene por qué ser consciente, se da por ejemplo en leones que se comen a las crías engendradas por otros leones, pero es una forma de canibalismo que también se ha observado en grupos humanos. Finalmente, el canibalismo puede obedecer a un ritual; en algunas culturas es habitual comerse a los muertos para apropiarse de su fuerza y de sus virtudes.

—*¿Y en el caso de los homínidos de Atapuerca?*

—El hecho de que haya seis individuos juntos hace pensar que no murieron por una causa natural sino más bien que los debieron matar. Esto parece descartar la explicación del canibalismo ritual, ya que estos rituales no suelen hacerse con individuos asesinados expresamente para devorarlos sino con individuos que han muerto por otras causas. Por otro lado, el hecho de que los descarnasen de una forma tan sistemática indica que era una práctica habitual y descarta la explicación del canibalismo estratégico, ya que el canibalismo estratégico debía restringirse a situaciones excepcionales de gran presión demográfica. Por lo tanto, la explicación más plausible que queda es que los debieron cazar y se los debieron comer simplemente por hambre.

—*Aparte del canibalismo, ¿qué más se sabe acerca de la vida de los* Homo antecessor*?*

—La excavación de los yacimientos de Atapuerca no está terminada y aún disponemos de poco material. Pero ya sabemos que utilizaban las cuevas como campamento y que eran cazadores generalistas, porque hemos encontrado restos de muchos animales distintos que habían sido comidos, desde elefantes hasta caballos, pasando por ciervos, bóvidos, mamíferos pequeños... También sabemos que, aparte de cazar, recolectaban vegetales y que vivían en Atapuerca en un clima cálido muy parecido al actual.

—*¿Eran nómadas sin fronteras?*

—Eran nómadas, pero tenían territorios propios. Se movían según la estación del año en territorios que debían tener unos cien kilómetros de diámetro.

«HOMO ANTECESSOR»

—*¿Cómo descubrieron el* Homo antecessor*?*

—Todo empezó a principios de 1994, un día en que llegó a mi despacho un número de la revista científica *Nature* con un artículo sobre los primeros europeos. Entre científicos, no es raro que nos enteremos de las investigaciones importantes de nuestro campo antes de que se publiquen, pero nadie nos había dicho nada porque en ese momento la elite mundial de la paleontología nos ignoraba. Lo leí inmediatamente y decía que hace más de medio millón de años no había humanos en Europa porque no se habían encontrado restos humanos asociados a huesos de *Mimonys savini*, un roedor que se extinguió hace precisamente medio millón de años. En 1994, este era el paradigma dominante sobre la ocupación de Europa pero yo sospechaba que el paradigma era erróneo. Llamé a la gente de mi equipo al despacho, saqué la botella de *grappa*, cerré la puerta y les dije: chicos, vamos a cargarnos el paradigma.

—*¿Cómo pensaba cargárselo?*

—Envié a unos miembros del equipo quince días antes del inicio oficial de la campaña de excavación con el encargo de preparar el terreno para bajar hasta el nivel TD6, que tiene más de medio millón de años de antigüedad. Estábamos trabajando en el yacimiento de la Gran Dolina, una antigua cueva de unos cien metros cuadrados de superficie que, con los años, se ha llenado de sedimentos. Los sedimentos se han acumulado unos sobre otros, de modo que a medida que excavamos es como si viajáramos hacia el pasado. Hicimos una especie de hueco de ascensor de unos dos metros y medio de diámetro para poder llegar rápidamente a los sedimentos de más de medio millón de años.

—*Y apareció el* Homo antecessor*...*

—No. Primero encontramos restos humanos y de *Mimonys savini* mezclados. Tenían más de medio millón de años y, por lo tanto, eran los restos humanos más antiguos de Europa. Nos habíamos cargado el paradigma. Aquél fue el momento más importante de mi carrera, más importante incluso que el descubrimiento del *Homo antecessor*. Después de encontrar aquellos restos, pasé unas semanas en que, cuando me metía en la cama por la noche, no lograba dormirme de lo excitado que estaba.

—*Y el* antecessor*, ¿cuándo apareció?*

—También en la campaña de 1994. Continuamos excavando en el nivel TD6 y un día aparecieron, en un rincón del hueco de ascensor, unos dientes superiores boca arriba. Las personas que estaban en TD6 llamaron a José María Bermúdez de Castro, el máximo experto en dentición de las excavaciones, para que comprobara si eran humanas y, cuando se dio cuenta de que lo eran, soltó un grito que se oyó por toda la sierra de Atapuerca. En aquel momento no sabíamos aún si, tras los dientes, escondidos en la roca, estaban el maxilar y el cráneo. Tardamos casi un mes en sacar la pieza, porque teníamos que ir con cuidado de no dañarla y porque estaba en un sitio donde el sedimento se había endurecido y había formado una especie de cemento. Al final sacamos una bola de tierra del tamaño de una pelota de balonmano y la mandamos al Museo de Ciencias Naturales de Madrid. Una vez limpiada, se vio que era un maxilar con una dentición primitiva, pero con una nariz y unos pómulos modernos.

—*Así pues, se dieron cuenta inmediatamente de que pertenecía a una nueva especie.*

—No, fue más lento. Primero lo comparamos con maxilares de todas las especies humanas conocidas para ver dónde lo podíamos clasificar, pero fue imposible clasificarlo en ningún sitio. Tratamos de clasificarlo como *Homo ergaster*, pero no encajaba. Probamos con *Homo heidelbergensis*, que es el ancestro del neandertal, y tampoco funcionó. Tenía rasgos en común con ambas especies, pero no era ninguna de las dos. Probamos con el *Homo erectus* y fue aún peor. Al final, no nos quedó más remedio que definir una nueva especie.

—*¿Por qué le pusieron* antecessor*?*

—Fue más difícil que ponerle nombre a un niño. Pensamos quizá media docena de nombres, pero no había ninguno que gustase a todo el mundo. Propusimos *Homo europeus*, ya que fueron los primeros europeos, pero este nombre ya se había utilizado años atrás de modo informal para otros homínidos y podía inducir a confusión. Propusimos *Homo atapuercensis*, pero no queríamos ser tan localistas. Incluso propusimos *Homo edulis*, que significa hombre comestible, ya que fueron devorados por otros homínidos. Al final, José María Bermúdez de Castro empezó a mirar diccionarios y llegó con la propuesta de *Homo antecessor*, porque en latín *antecessor* significa pionero y también significa predecesor, y estos homínidos fueron pioneros en Europa y predecesores nuestros.

EL ANCESTRO DE LOS NEANDERTALES

—*¿De qué forma ha cambiado el guión de la evolución humana el descubrimiento del* Homo antecessor*?*

—De entrada, como hemos dicho, los rasgos faciales del

Homo antecessor indican que es probablemente nuestro ancestro directo. Esto significa que el *Homo antecessor* vivió en África, ya que es en África donde evolucionó nuestra especie, y desde allí emigró a Europa y probablemente a Asia. Significa también que el *Homo erectus*, que hasta hace poco se consideraba el principal candidato a bisabuelo del *Homo sapiens*, queda relegado a una calle sin salida de la evolución. Significa, por lo tanto, que la explicación lineal de la evolución humana que se proponía antes, una explicación que saltaba alegremente del *Homo habilis* al *Homo erectus* y de aquí al *Homo sapiens*, era demasiado simple. Los fósiles de Atapuerca nos han enseñado que la historia de la evolución humana es más compleja de lo que parecía.

—*¿Qué más nos han enseñado?*

—Otra cosa muy interesante: el *Homo antecessor* resuelve el misterio del origen de los neandertales. A principios de los años noventa se habían acumulado varias pruebas a favor de que los *Homo sapiens* aparecieron en África y desde allí se extendieron al resto de continentes. Pero esta explicación tenía puntos débiles. Uno de ellos era que, si todos los *Homo sapiens* venían de África, ¿cómo es que los neandertales, que tanto se nos parecían, sólo vivieron en Europa y en Oriente Próximo? Ahora tenemos la respuesta. Los *Homo antecessor* que se quedaron en África evolucionaron hacia los *Homo sapiens*, mientras que los que emigraron a Europa derivaron hacia los neandertales.

—*Un descubrimiento revolucionario, por lo tanto.*

—Revolucionario y preocupante. Porque si un solo descubrimiento cambia de manera tan profunda la interpretación de la evolución humana, ¿hasta qué punto podemos confiar en que la explicación que tenemos ahora es la correcta? Quizá nuevos fósiles que aparezcan el año que viene, o dentro de diez años, o dentro de cincuenta, demuestren que lo que ahora aceptamos como cierto también es erróneo.

—*¿Todos los expertos aceptan el* Homo antecessor *como uno de los padres fundadores de la familia humana?*

—No. Hay que tener en cuenta que anunciamos el descubrimiento del *Homo antecessor* en 1997. En ciencia, no es frecuente que haya consenso inmediato cuando aparece una idea nueva, lo cual es positivo porque la ciencia prospera por confrontación de opiniones y, si siempre hubiera consenso inmediato, dejaría de prosperar. Pero en el equipo de Atapuerca no tenemos ninguna duda de que, en cuanto aparezcan nuevos restos del *Homo antecessor*, todo el mundo aceptará que efectivamente es una nueva especie y que es una especie seminal en la historia de la humanidad.

—*¿Y si no aparecen más restos?*

—Aparecerán. En Atapuerca, por ejemplo, estamos excavando todo el yacimiento de la Gran Dolina, con sus cien metros cuadrados de superficie. En la campaña de 1999, hemos trabajado en el nivel TD11, que tiene 350.000 años de antigüedad. Hacia el año 2010 llegaremos al nivel TD6, que es donde encontramos los ochenta fósiles del *Homo antecessor* en seis metros cuadrados. Cuando lleguemos, aparecerán centenares o miles de fósiles que convencerán a todos los escépticos. Y también es posible que antes de esta fecha se encuentren restos del *Homo antecessor* en África, ya que es allí donde se originó la especie o en otros yacimientos de Europa.

6.

EN BUSCA DEL FUEGO

NO ERAN COMO NOSOTROS, PERO ERAN COMO NOSOTROS

—*¿Qué sucede después del* Homo antecessor*?*

—Es un período del que hay pocos fósiles. En Europa, el *Homo antecessor* evoluciona hacia el *Homo heidelbergensis*, que es el ancestro inmediato de los neandertales y que hace unos 400.000 años consigue uno de los progresos más fenomenales de la historia de la evolución humana. Asia está mayoritariamente poblada por el *Homo erectus* y se observa un progreso similar en la misma época. De África no tenemos fósiles, pero sabemos que en esa época se está abonando el terreno para la aparición del *Homo sapiens.*

—*¿Cuál es el progreso fenomenal que hacen los heidelbergensis?*

—Hace entre 350.000 y 450.000 años, no hay una fecha clara, la humanidad cruza la frontera de la complejidad. En esa época aparecen simultáneamente las principales características que nos definen como humanos. No me refiero a humanos en un sentido biológico, o sea de pertenencia al género humano, sino a humanos en un sentido cultural. A partir de ese momento hay pruebas de dominio del fuego, de creación de arte, de acumulación de cadáveres, de aparición del lenguaje, de ornamentos para vestir, de producción de lanzas para cazar grandes mamíferos... Son estas características las que nosotros reconocemos como humanas, las que nos identifican como humanos, más que la estructura de la pelvis o del cráneo que definen la humanidad en un sentido biológico.

—*Hace 400.000 años no había* Homo sapiens. *Eso quiere decir que no es nuestra especie la que ha hecho todas estas adquisiciones.*

—Exacto, éste es el gran tema. No fuimos los *sapiens* los que cruzamos la frontera de la complejidad. Fueron gente que, pese a pertenecer a especies distintas a la nuestra, eran tan humanos como nosotros. Es una idea que puede resultar incómoda para algunas religiones pero que, con los datos empíricos que hay actualmente, es cada vez más irrefutable.

—*¿Y cuáles son estas especies que inventan la humanidad?*

—Eso no está claro. En Europa, tenemos suficientes fósiles para saber que se trata del *Homo heidelbergensis*, el padre de los neandertales. En Asia es más dudoso. Hay indicios de fuego en Zhoukoudian, un yacimiento de China, donde vivió el *Homo erectus* y adonde el *Homo heidelbergensis* no llegó nunca.

—*¿Y en África?*

—No tenemos ni idea porque aún no se han encontrado los fósiles, pero sabemos que tampoco puede ser el *Homo heidelbergensis* porque es una especie europea. Todo esto invita a pensar que distintas especies llegaron por caminos paralelos a la frontera de la complejidad e inventaron por separado el lenguaje, el fuego, el culto a los muertos...

—*Pero ¿no son inventos demasiado complejos para inventarlos más de una vez? Al fin y al cabo, el* Quijote *sólo se ha escrito una vez.*

—No es infrecuente que, a lo largo de la evolución, distintas especies lleguen al mismo punto por caminos distintos.

Los delfines, por ejemplo, tienen muchas características en común con los peces, no porque sean peces, que no lo son, sino porque son características útiles para vivir en el mar. Incluso una adquisición tan compleja como el cálculo diferencial se ha inventado dos veces de forma independiente en la historia de la humanidad. Newton y Leibnitz lo inventaron por separado con pocos meses de diferencia. Por lo tanto, es posible que distintas especies humanas empezaran a dominar el fuego, a enterrar a los muertos y a producir arte por separado, simplemente porque les era útil a todas ellas.

—*¿Por qué estas adquisiciones se hacen precisamente hace 400.000 años y no antes o después?*

—Porque todas las adquisiciones requieren que antes se hayan hecho una serie de adquisiciones previas. Del mismo modo se podría preguntar: ¿Por qué los australopitecos no aparecieron hasta hace cuatro millones de años? Pues porque antes tuvieron que evolucionar otros primates. ¿Y por qué los pájaros no aparecieron hasta hace 150 millones de años? Pues porque antes tuvieron que evolucionar los dinosaurios. La evolución funciona así, siguiendo una lógica acumulativa.

—*Y en el caso del lenguaje, el fuego y los entierros, ¿cuáles fueron las adquisiciones previas?*

—Honestamente, no lo sabe nadie. Algunas sí que se conocen. Sin el bipedismo, por ejemplo, o sin el cerebro de un litro, todos estos otros progresos no se habrían podido llevar a cabo. Pero el bipedismo y el cerebro grande son adquisiciones mucho más antiguas. Así que tiene que haber algún otro elemento, que todavía no sabemos cuál es, que disparó los cambios de hace 400.000 años.

400.000 AÑOS DE FUEGO

—Hasta ahora hemos hablado del fuego, el lenguaje, el arte, el vestido, las armas y los entierros como si formasen parte del mismo progreso. Pero vayamos por partes. ¿Cuáles son las pruebas más antiguas de uso del fuego?

—Las pruebas más antiguas se remontan a hace 400.000 años. Después, entre 400.000 y 200.000 años, el uso del fuego se sistematiza en muchos lugares distintos. Se trataba ya de un uso doméstico del fuego, es decir, de un fuego que los humanos sabían encender y controlar y que aprendían a hacer desde niños. Antes de esta fecha es posible que hubiera un aprovechamiento esporádico de llamas obtenidas en incendios naturales. Es decir, antes de la fase de producción hubo probablemente una fase de carroñeo del fuego.

—¿Qué importancia tuvo el fuego en los grupos humanos que aprendieron a dominarlo?

—Tuvo un impacto brutal. El fuego cambió para siempre las sociedades humanas. Cambió la alimentación, cambió el modo de protegerse del frío, cambió el modo de comunicarse entre los miembros del grupo, cambió la demografía... Lo cambió todo. Fue un progreso fundamental porque permitió otros progresos que a su vez abrieron la vía a otros progresos. Fue el punto de origen de una reacción en cadena que ha llevado hasta nosotros.

—¿Hasta qué punto cambió la alimentación?

—El fuego permitió cocer los alimentos, esto es obvio. Por lo tanto, permitió incorporar nuevos alimentos a la dieta, porque hay vegetales, como el trigo, que crudos son indigestos pero cocidos son nutritivos. Más alimentos significa más población, porque el principal factor que limita el tamaño de las poblaciones en el mundo natural es precisamente la disponibilidad de alimento. Pero eso no es todo: el fuego también permitió ahumar los alimentos y, por lo tanto, conservarlos. Eso dio una autonomía enorme a aquellos grupos, que ya no dependían de la caza o de la cosecha diaria para alimentarse. Gracias al fuego, pudieron sobrevivir en situaciones más precarias. Y cambiaron para siempre su estilo de vida nómada y sus estrategias como cazadores. Porque, ¿qué es el nomadismo sino la persecución de alimento? No dejaron de ser nómadas, todavía no, pero, en cuanto aprendieron a ahumar la carne para llevarla con ellos, probablemente les empezó a resultar rentable aprender a cazar presas grandes en grupo.

—*¿Qué más?*

—El fuego les permitió alargar el día. Los humanos no tenemos los ojos diseñados para ver de noche. En la época del *Homo antecessor*, hace un millón de años, las noches de invierno debían ser terriblemente largas y aburridas. Pero a partir del momento en que se dominó el fuego, se pudieron ampliar las horas de luz sin límite, lo que permitió seguir fabricando utensilios, raspando pieles o trabajando del modo que fuera después de la puesta del sol. Y sobre todo los miembros de los grupos pudieron dedicar más horas a hablar, lo que debió de reforzar los grupos, estimular la enseñanza y el aprendizaje y originar nuevas simbologías relacionadas, por ejemplo, con el fuego y con la noche.

—*Supongo que tan importante como la luz fue el calor.*

—Por supuesto. Los hogares son la primera calefacción de la humanidad y esta calefacción permitió colonizar áreas que hasta entonces eran vírgenes porque los inviernos eran demasiado duros, quizá no para los adultos con buena salud, pero sí para los bebés o para los adultos enfermos. En Escandinavia, por ejemplo, es muy posible que en el futuro se encuentren pruebas de ocupación humana a partir de los 400.000 años. Incluso en latitudes más templadas, el calor permite una mayor supervivencia tanto de los niños como de los adultos, porque enfermedades que hoy en día pueden parecer banales, como una gripe o un resfriado, en aquella época podían provocar una neumonía y estar cerca del fuego podía marcar la diferencia entre vivir o morir.

—*Más alimentos para dar de comer a los niños, más calor para protegerles... El fuego debió provocar una explosión demográfica.*

—Sin duda el fuego hizo aumentar la población humana. Además, servía para ahuyentar a los depredadores. Era un seguro de vida, sobre todo de noche, porque allí donde hay fuego los animales no se acercan.

—*¿Para qué más sirvió el fuego?*

—Muy importante: para fabricar herramientas. Para calentar el sílex y hacerlo más cortante, por ejemplo. Para calentar la madera y producir objetos con puntas duras. El fuego representó un progreso esencial. Es como las palmeras de los fuegos artificiales. Primero sale un cohete, que es el fuego, y cuando explota salen cuatro ramas, que son las adquisiciones que se han hecho gracias al fuego y que, a su vez, explotan y originan nuevas ramas. Sin el fuego ninguna de estas ramificaciones existiría. No existiría este libro, por ejemplo. No existiríamos nosotros. Quizá otros humanos en nuestro lugar, pero no nosotros.

—*Probablemente los primeros humanos le tenían tanto miedo al fuego como cualquier otro animal. ¿Quién debió aprender a dominarlo: un incauto, un chulo, un masoquista...?*

—Yo creo que fue alguien con ganas de experimentar. Los humanos somos grandes experimentadores. Muchos animales experimentan cuando son crías. Experimentan su fuerza, sus límites, a través del juego. Pero los humanos seguimos siendo experimentadores vocacionales durante toda la vida. Hemos prolongado la edad del juego, de modo que seguimos siendo niños al llegar a adultos. Precisamente por esto hemos tenido tanto éxito como especie.

—*¿Cómo hacían fuego los humanos de hace 400.000 años?*

—Tenían dos opciones. Una era coger dos ramas de maderas distintas, por ejemplo de chopo y haya, restregarlas una contra otra, y crear calor por la fricción hasta sacar chispas. Lo esencial era que las maderas fueran distintas porque, con dos maderas iguales, es mucho más difícil conseguir que se enciendan. Con las chispas se encendían lo que los arqueólogos llamamos coprolitos, o sea, excrementos secos de animales herbívoros, que eran altamente inflamables, y estos coprolitos hacían la función del papel de periódico en las chimeneas actuales: ayudaban a encender la madera.

—*¿Y la otra opción?*

—La otra opción consistía en utilizar piedras en lugar de madera. Piedras de cuarzo, por ejemplo. Golpeándolas entre ellas sacaban chispas, prendían fuego a los coprolitos, o quizá a hierbas muy secas, y encendían la hoguera.

—*¿Qué pensaba del fuego aquella gente? ¿Lo adoraban? ¿Lo temían?*

—El fuego tuvo una gran importancia simbólica desde el primer momento. Las llamas están en constante movimiento, es fácil imaginarse que están vivas. Y además el fuego quema, por lo tanto es temible. De modo que es muy probable que se le atribuyeran propiedades mágicas, que se le venerara de algún modo. Estoy convencido de que los humanos de hace 400.000 años, que no pertenecían a nuestra especie, no se limitaban sólo a sobrevivir sino que tenían ya un mundo simbólico sofisticado y una religión incipiente.

PRIMEROS ARTISTAS

—De los símbolos al arte sólo hay un paso.

—Quizá por esta razón la obra de arte más antigua que se conoce es de la misma época que las pruebas más antiguas de producción de fuego. Son huesos de elefantes prehistóricos con líneas grabadas que parecen el marcador de velocidad de un coche, porque tienen el mismo dibujo geométrico, y que han sido interpretadas como un reloj. Se encontraron en Alemania y tenían 400.000 años de antigüedad, lo que significa que son obra de los *Homo heidelbergensis*, los ancestros de los neandertales, ya que son los únicos humanos que se conocen de Alemania de aquella época. Después viene la Venus de Berekhat-ram, que es una escultura femenina de entre tres y cuatro centímetros de altura que se encontró en los Altos del Golán, en Oriente Próximo, y que tiene 250.000 años de antigüedad. Está hecha con material volcánico. Lo que no sabemos es quiénes fueron los artistas que la esculpieron. Pudieron ser los *Homo heidelbergensis*, o quizá *Homo sapiens* arcaicos.

—¿Cuál era la función de estas formas de arte?

—Es imposible saberlo pero debían tener una función estética y una función mística, como todas las obras de arte. Y estas funciones tienen a su vez una función de cohesión social, ya que las obras de arte transmiten la simbología de un colectivo y al mismo tiempo son una experiencia compartida por los diferentes miembros del grupo.

UN LENGUAJE BÁSICO

—*Todo esto difícilmente sería posible sin lenguaje.*

—Es que seguro que aquella gente ya hablaba. No creo que lo hicieran como nosotros, porque tenían un cerebro distinto, pero todo parece indicar que no fue nuestra especie la que inventó el lenguaje.

—*¿Alguna prueba?*

—Indicios, más que pruebas. Por ejemplo, en la base de la lengua hay un pequeño hueso donde se insertan algunos de los músculos que mueven la lengua: el hioides. Este hueso es distinto en los humanos que en cualquier otro primate. Pues bien, se han encontrado dos hioides de hace 300.000 años que son más parecidos al nuestro que al de los demás primates. Por lo tanto, es probable que los humanos de aquella época pudieran articular una gran variedad de consonantes distintas, como nosotros.

—*¿Aquellos lenguajes tenían una gramática y un vocabulario tan complejos como los actuales?*

—Probablemente eran lenguajes más rudimentarios, con una estructura fonética más sencilla, y seguramente eran lenguajes capaces de expresar menos conceptos. Pero debían tener todas las palabras necesarias para la vida de la época: una palabra para fuego, una para cielo, una para sol...

—*¿Una para los muertos?*

—Una para los muertos, sin duda. Precisamente el hecho de que ya tuvieran entierros es una de las pruebas que indica que ya tenían lenguaje.

EL MUNDO DE LOS MUERTOS

—*¿Cuáles son los entierros más antiguos que se conocen?*

—Los de la Sima de los Huesos, en la sierra de Atapuerca, que tienen una antigüedad de 300.000 años. La Sima es una cavidad con forma de calcetín, es decir, un pozo vertical que termina en una cavidad horizontal, donde hay acumulados como mínimo treinta y dos cadáveres de *Homo heidelbergensis.* Quien más los ha estudiado es el equipo de Juan Luis Arsuaga, que dirige las excavaciones de la Sima de los Huesos. Sus estudios han demostrado que los *Homo heidelbergensis* echaron allí los cadáveres enteros, y no huesos aislados de personas que se hubieran comido, porque hay esqueletos muy completos y porque no hay marcas que indiquen que los huesos hayan sido descarnados.

—*¿Por qué los echaban allí?*

—Puede haber varias justificaciones para acumular cadáveres en una fosa. Una es que no es demasiado agradable estar en un campamento y tener a tu padre o a tu hijo muerto al lado. Otra es que un cadáver puede ser un foco de infecciones y sanitariamente no es aconsejable quedárselo en el campamento. Otra es que puede atraer a depredadores... En resumen, es conveniente deshacerse de ellos. Pero aquella gente no se limitaba a alejar a los muertos del campamento sino que además los dejaba en la Sima de los Huesos, que es un sitio al que los depredadores no podían acceder y del que nadie en aquella época podía volver a salir. La Sima de los Huesos era un viaje sin retorno.

—*Tampoco se podía volver a salir de las tumbas de los faraones, ni del paraíso cristiano, ni del infierno. ¿Quizá los* heidelbergensis *creían en un más allá?*

—Seguro que creían en él. La Sima de los Huesos demuestra que ya tenían un mundo simbólico complejo. Debían dejar a sus muertos allí para preservarles de los depredadores y, por lo tanto, porque pensaban que seguirían viviendo de algún modo. Todo esto demuestra que ya sentían angustia ante la muerte, que se preguntaban por la muerte y por lo tanto que se preguntaban por la vida. Y estas preguntas, estas inquietudes comunes, cohesionaban los grupos del mismo modo que las religiones actuales son un instrumento de cohesión social.

—*¿Hay más yacimientos con acumulaciones de cadáveres como la Sima de los Huesos?*

—No, es un yacimiento único en el mundo. El segundo yacimiento más antiguo con pruebas de entierros es el de Kebara, en Israel, que tiene 90.000 años de antigüedad. Pero el de Kebara ya es un entierro clásico, un hoyo con un cadáver como los entierros cristianos, con la diferencia de que tiene 90.000 años y que quien había enterrado allí no era un humano moderno sino un neandertal.

ARMAS Y VESTIDOS

—*Antes ha citado la producción de lanzas para cazar mamíferos como una de las adquisiciones cruciales de hace 400.000 años. ¿Es que no hacían armas los humanos anteriores?*

—Sí que hacían armas, pero no las hacían igual. En Schöningen, en Alemania, se han encontrado ocho lanzas de entre 1,80 y 2,30 metros hechas con madera de pino hace más de 400.000 años. Estas lanzas son obra de artesanos muy hábiles, porque son perfectas desde un punto de vista aerodinámico. Tienen la punta un poco más pesada que la cola, de modo que el centro de gravedad no está exactamente en el medio sino ligeramente desplazado hacia delante. De este modo se consigue que la lanza se desequilibre lo mínimo posible durante el vuelo, pero que al mismo tiempo sea fácil de lanzar. Para aprender a hacer lanzas tan perfectas, antes se han tenido que hacer muchas lanzas imperfectas. Por lo tanto, los humanos empezaron a hacer lanzas mucho antes de aprender a hacer las de Schöningen.

—Si tenían lanzas, significa que cazaban. ¿Utilizaban ya las pieles para vestirse?

—En Atapuerca tenemos pruebas de utilización de vestidos hace 300.000 años. Se han encontrado herramientas de piedra que, según se ha comprobado analizándolas con técnicas de microscopía electrónica, fueron usadas para trabajar la piel. La raspaban, la ablandaban, la limpiaban y hacían abrigos de piel de ciervo, de caballo, de buey... de cualquier animal grande que pudieran cazar. No es un descubrimiento sorprendente. En la latitud de Atapuerca, los inviernos eran fríos y es lógico que hicieran abrigos con las pieles de los animales que cazaban.

—Así pues, ¿el vestido se desarrolló inicialmente para taparse del frío y no como elemento ornamental?

—Así lo creo, aunque inmediatamente debió adquirir un valor estético añadido. Seguro que los jefes de los grupos se apoderaron de los abrigos más cálidos, o de los más vistosos, o de los más difíciles de obtener, y pronto el abrigo vistoso identificó al poderoso y los demás desearon tener uno igual. Y así el vestido pronto debió adquirir una función de diferenciación de clases sociales, de clanes y de sexos, una función que conserva hoy en día.

—¿Es probable que apareciera ya una división del trabajo en el sentido de que los más hábiles haciendo abrigos se hicieran sastres y los más hábiles oteando el horizonte se hicieran vigías?

—Es muy probable que hubiera una división del trabajo

anterior entre hombres y mujeres, ya que la caza de animales grandes debía recaer prioritariamente en los hombres mientras que la educación y la vigilancia de los niños debían recaer prioritariamente en las mujeres. Después, a medida que se empezaron a realizar actividades más complejas, como la producción de herramientas y de abrigos, también es probable que los distintos miembros del grupo se especializaran. De hecho, en esta época se observan ya herramientas bien hechas y herramientas mal hechas, que responden a que el artesano lo hizo mejor o peor. Pero al mismo tiempo, debía haber ciertas actividades vitales y sencillas que todo el mundo podía hacer, como encender una hoguera o recoger frutas, del mismo modo que hoy no todo el mundo es ingeniero pero todo el mundo sabe ir a comprar al mercado.

—*¿Qué tamaño debían tener esos grupos?*

—Para mantener cierta estabilidad, tenían que ser de entre ocho y veinte personas más o menos. En un grupo de más de veinticinco o más de treinta personas, surgirían demasiadas tensiones, se formarían clanes y el grupo se dividiría. También es probable que en grupos de unas veinte personas algunas fueran expulsadas. Pero el argumento para expulsarlos no debía ser el número, evidentemente.

—*¿Cuál debía ser el argumento?*

—Cuanto más grande es un grupo, más fácil es que aparezcan tensiones y conductas contrarias a los intereses del grupo. Robos, peleas, envidias... Son conductas de este tipo las que justifican la marginación.

—*Lo cual significa que aquella gente ya había inventado el derecho o, por lo menos, un embrión del derecho.*

—Seguro. El derecho tampoco lo hemos inventado los *Homo sapiens.*

TERCERA PARTE

LOS *HOMO SAPIENS*

Robert Sala y Josep Corbella

Dos cabezas distintas

Neandertal

El cerebro medía entre 1.200 y 1.500 cc y era ovalado

Tenía un arco óseo sobre los ojos y la nariz más ancha que los *Homo sapiens*

No tenía un mentón prominente ni sufría de la muela del juicio

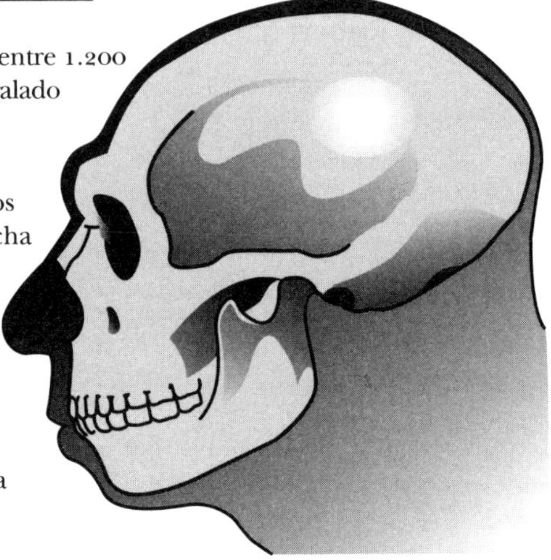

Homo sapiens

El cerebro es de entre 1.100 y 1.400 cc y es más esférico

Mientras que la frente de los *neandertales* era inclinada, la de *Homo sapiens* es vertical

La evolución del cerebro y del cráneo ha obligado a rediseñar la mandíbula, lo que ha originado el problema de la muela del juicio

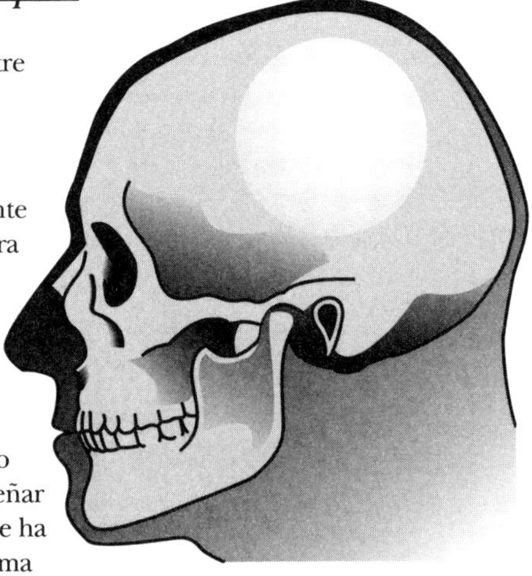

7.

UN DÍA EN LA VIDA DE UN NEANDERTAL

MI TÍO DE EUROPA

JOSEP CORBELLA: *¿Quiénes fueron los neandertales?*

ROBERT SALA: Fueron los habitantes de Europa y de Oriente Próximo desde hace unos 120.000 años hasta hace unos 25.000. Son descendientes directos de los *Homo heidelbergensis*, que es una especie exclusivamente europea. Durante muchas décadas se ha discutido si eran antepasados nuestros, pero hoy en día esta idea ha quedado descartada. No eran nuestros padres sino más bien nuestros tíos.

—*¿Cómo se sabe que no fueron nuestros padres?*

—Los neandertales aparecen en Europa, se desarrollan en Europa y se extinguen en Europa. Por el contrario, los *Homo sapiens* aparecen en África, donde nunca hubo neandertales. Aparte de esto, las características anatómicas de los neandertales no evolucionaron en dirección a las de los *Homo sapiens*. Es decir, no hubo una tendencia de los neandertales a parecerse cada vez más a los *Homo sapiens*. Incluso en las regiones donde conviven neandertales y *sapiens*, en Europa y en Oriente Próximo, ambas poblaciones se mantienen perfectamente separadas.

—*¿No hubo cruces entre unos y otros?*

—Es posible que hubiera cruces puntuales pero, en cualquier caso, no se tradujeron en una descendencia numerosa. Algunos investigadores han encontrado fósiles que, según ellos, y es una opinión muy discutida, son fruto de cruces entre *sapiens* y neandertales. Pero en cualquier caso los sucesores de los neandertales no son mestizos mitad *sapiens* mitad neandertales sino invasores cien por cien *sapiens*.

EL YETI DE LA CIENCIA

—*Todo el mundo ha oído hablar de los neandertales, mientras que no todo el mundo ha oído hablar de los* Homo ergaster, *que probablemente sean más importantes en nuestra evolución. ¿Cómo se explica que, sin ser ancestros directos nuestros, haya tanta fascinación por los neandertales?*

—Los primeros fósiles humanos que se descubrieron fueron restos de un neandertal encontrados en 1856 en el valle de Neander, en Alemania. El neandertal inauguró toda la investigación científica sobre nuestros orígenes. Y lo hemos convertido en un personaje: es el único homínido que tiene nombre propio. Al *Homo ergaster* le conocemos por el nombre de la especie y es difícil familiarizarse con él, pero del neandertal hablamos como si fuese el vecino del segundo. Antes del neandertal, cada cultura recurría a sus mitos, como Adán y Eva en occidente, para explicar el origen de la humanidad. Pero el neandertal es un personaje creado por la ciencia, por lo que es un personaje más universal, válido para todas las culturas.

—*¿El neandertal es el mito de la ciencia?*

—Exacto. En él confluyen muchos mitos. No sólo el de Adán y Eva, sino también mitos como el de los yetis del Tíbet, aquellos monstruos mitad humanos y mitad animales que viven en las nieves. Y el neandertal ha acabado siendo un mito más, creado por la ciencia moderna. Es el yeti de la ciencia.

—*Con la diferencia de que el neandertal existió y el yeti no.*

—Sí, pero ¿qué neandertal existió? La ciencia tiene un aura de realidad que engaña aún más que los mitos tradicionales. La imagen del neandertal ha evolucionado desde que se encontraron los primeros restos en el siglo pasado. Al principio se le presentaba como un ser de espaldas anchas, grande, peludo, con un garrote siempre en la mano, una criatura en los antípodas de nuestra imagen esbelta, estética y civilizada, y la gente se lo creía, porque lo decía la ciencia. La imagen del neandertal que tenemos hoy en día, tras cien años de excavaciones, es muy distinta, y la gente también se la cree. Pero ¿hasta qué punto se corresponde esta imagen con cómo eran los neandertales en realidad?

LA NUEVA IMAGEN DE LOS NEANDERTALES

—*¿Qué imagen tenemos de ellos hoy en día?*

—Físicamente los neandertales eran tan altos como nosotros y mucho más corpulentos. Tenían los huesos más gruesos, la dentadura más fuerte y la musculatura más potente. Pero culturalmente eran muy parecidos a nosotros. Inventaron el arte, tenían lenguaje, rendían culto a los muertos. Como nosotros.

—*¿Las diferencias físicas responden al hecho de que los neandertales se desarrollaron en Europa en una época de glaciaciones mientras que los* Homo sapiens *se desarrollaron en África?*

—No necesariamente. La evolución se produce gracias a que los genes mutan de un modo aleatorio. La selección natural, que es la que diseña los organismos, más que seleccionar las mutaciones útiles, elimina las nocivas. En consecuencia, muchas de nuestras características físicas no aparecieron porque fueran útiles sino por azar. En el caso de los neandertales, no hay ningún argumento convincente para afirmar que su robustez fuera una adaptación al frío.

—*¿Eran peludos?*

—No se ha encontrado ningún resto de pelo de los neandertales. Todo lo que pueda decirse acerca de este tema es especulativo. No sabemos si se afeitaban o no, pero sabemos que se vestían para protegerse del frío. Probablemente eran bastante peludos, pero no hay ninguna razón para pensar que lo fueran más que los *Homo sapiens* que vivieron en la misma época.

—*¿Se movían como monos?*

—En absoluto. La estructura de las piernas, de los brazos y de la columna vertebral era idéntica a la nuestra. Caminaban exactamente igual que nosotros.

—*¿Si vistiéramos a un neandertal con vaqueros, le reconoceríamos?*

—Sería un hombre que, siendo más o menos tan alto como nosotros, tendría unos hombros el doble de anchos. Nos parecería una especie de tanque, todo músculo. Además, su cara y la forma de su cabeza nos sorprenderían. No tendría barbilla, tendría la nariz ancha y prominente, la frente oblicua, en vez de vertical como la nuestra, y el cráneo alargado. De modo que sí que le reconoceríamos. Pero pensamos que, en lo que se refiere al comportamiento, los neandertales podían hacer más o menos lo mismo que nosotros y habrían podido integrarse en nuestras sociedades.

—*¿Cuánto podía pesar un neandertal?*

—Los individuos medianos, que medían entre 1,60 y 1,70 metros de altura debían pesar unos 85 o 90 kilos. Eso sin estar gordos, porque no serían kilos de grasa sino de hueso y músculo. Los individuos grandes, que podían llegar casi a los dos metros de altura, debían alcanzar los ciento treinta kilos.

—*¿Su cerebro era muy distinto del nuestro?*

—El cráneo era muy distinto. Nosotros lo tenemos más o menos esférico y ellos lo tenían más alargado, más en forma de proyectil. También lo tenían más grande. El nuestro mide unos 1.300 centímetros cúbicos por término medio y el suyo medía entre 1.400 y 1.500. Pero está por ver hasta qué punto estas diferencias anatómicas se traducen en diferencias de aptitudes.

—*¿Se llegará a descubrir si había diferencias de aptitudes?*

—Se están realizando estudios del interior de los cráneos, que son moldes donde queda grabada la forma del cerebro, para ver si los neandertales y otros homínidos tenían desarrolladas determinadas áreas neurológicas. Por ejemplo, las áreas de Broca y de Wernicke, donde nosotros tenemos las neuronas que controlan el lenguaje. Por otro lado, el cerebro se puede conocer no sólo por cómo es sino por lo que hace. Las investigaciones actuales sobre los neandertales tratan de entender cómo vivían, cómo eran sus sociedades, cómo se dividían el trabajo, una serie de cuestiones que ayudarán a entender cómo era su cerebro.

CAPELLADES, UNA VENTANA A LOS NEANDERTALES

—*Ésta es la línea de investigación que ustedes, los arqueólogos de la Universidad Rovira i Virgili, están desarrollando en el yacimiento del Abric Romaní en Capellades, ¿verdad?*

—Sí, el Abric Romaní es importante porque allí se acumularon quince metros de sedimentos a lo largo de 30.000 años. Esto significa que, si dos grupos de neandertales ocuparon el Abric en épocas distintas, sus restos se preservan en niveles distintos del sedimento y los podemos distinguir. Por lo tanto, podemos saber cómo eran estos grupos, si eran grandes o pequeños, si estuvieron muchos días en la cueva o sólo pernoctaron en ella. Es un yacimiento único en el mundo para investigar el estilo de vida de los neandertales. Los demás yacimientos de neandertales, por el contrario, suelen tener diez o veinte mil años de historia acumulados en dos o tres metros de sedimentos y es imposible distinguir cómo vivía cada grupo.

—*¿Cómo era España en la época de los neandertales?*

—Tenía las mismas montañas y los mismos ríos que ahora, pero era mucho más fría. Una de las épocas glaciales más duras que se conocen se produjo precisamente hace entre 70.000 y 50.000 años. Los inviernos eran rigurosos, los veranos frescos y las temperaturas medias unos cinco grados más bajas que las actuales. La temperatura en Capellades debía de ser parecida a la que hay hoy en día en Dinamarca.

—*¿Cómo se adaptaban al frío?*

—En el Abric Romaní hemos encontrado dos tipos de comportamiento. Unos grupos ocuparon la cueva durante periodos largos, como mínimo de diez o quince días. La limpiaron, se instalaron en ella y desde allí organizaron cacerías y recogieron vegetales en un radio de cuatro o cinco kilómetros. Otros grupos la utilizaron como motel de carretera. Estuvieron en ella una o dos noches, comieron los alimentos que acababan de recoger y volvieron a marcharse.

—*¿Un motel mientras iban de dónde a dónde?*

—El desfiladero de Capellades es un paso a través del valle

de la comarca de Anoia entre la depresión central catalana y la costa, que son zonas con climas distintos y con recursos alimentarios distintos en las distintas épocas del año. Los neandertales hacían migraciones estacionales, pasaban parte del año tierra adentro y parte del año junto al mar, porque en cada estación iban allí donde la vida les era más fácil. Una prueba de estas migraciones es que en Capellades hemos encontrado herramientas hechas con minerales que no son originarios de la zona sino que vienen de veinticinco kilómetros más al norte herramientas cortantes de siete u ocho centímetros que llevaban encima como quien hoy en día lleva la navaja suiza cuando va a la montaña.

—*¿Cómo se puede llegar a saber el tiempo que pasaron los distintos grupos de neandertales en el Abric Romaní?*

—Por la cantidad de restos de alimentos que hay. Si hay el esqueleto entero de un caballo o de un ciervo en el yacimiento, eso significa que lo cazaron cerca de allí y que se quedaron por lo menos una semana o diez días, que es el tiempo que un grupo de diez o quince personas puede tardar en comerse un animal grande. Pero si sólo encontramos las patas del caballo, o sólo las costillas, es señal de que se quedaron poco tiempo. Es probable que lo cazaran lejos, que lo trocearan y que lo fuesen consumiendo a lo largo de distintos campamentos. Además, si un grupo sólo ocupa seis metros cuadrados de la cueva, es que el grupo es pequeño y se queda poco tiempo. Pero si ocupa un espacio de ochenta o cien metros cuadrados, y en un rincón hace una hoguera, y en otro fabrica herramientas, y otra zona la acondiciona para dormir, es señal de que, desde el momento en que llega, tiene planes para quedarse unos cuantos días.

—*¿Qué uso hacían del fuego los neandertales?*

—El Abric Romaní, y éste es otro de sus aspectos importantes, es el yacimiento con más hogares prehistóricos del mundo. Estas hogueras demuestran que los neandertales controlaban perfectamente la tecnología del fuego. Sabían encenderlo, sabían mantenerlo y sabían usarlo para lo que querían. No sólo para cocer alimentos o para protegerse del frío, sino también para fabricar herramientas mejores o para limpiar la cueva. Hemos descubierto que los pequeños fragmentos de minerales que se desprendían de los cantos de río cuando fabricaban herramientas, y que podían ser peligrosos si se los clavaban en los pies, los tiraban al fuego. Los restos de comida como trazos de huesos, también. En resumen, no eran pobres desgraciados que vivían en cuevas miserables como se pensaba hace unos años, sino gente pulcra que limpiaba la casa donde vivía.

UNA VIDA FRUGAL

—*Si pasaban parte del año en la depresión central, donde no hay cuevas, ¿dónde pasaban la noche?*

—Se ha difundido la idea de que los hombres primitivos siempre vivían en cuevas, pero no es cierto. Podían vivir perfectamente al aire libre, a veces durmiendo sin techo junto al fuego y a veces en campamentos de cabañas.

—*¿Ya sabían construir cabañas?*

—Se han hallado cabañas de hace más de 30.000 años construidas por *Homo sapiens* con colmillos de mamut. Hay cabañas rectangulares, cabañas circulares, cabañas que pueden tener desde cuatro hasta diez metros cuadrados. Es muy probable que los neandertales hicieran lo mismo, quizá utilizando ramas para sustentar la cabaña y pieles para las paredes y para el techo, o quizá hacían las paredes mezclando hierba y barro.

—*¿Cómo era el menú habitual de un neandertal?*

—Comían muchos vegetales y pocas proteínas, aunque aprovechaban todo lo que cazaban. Sobre todo caballos y ciervos, pero también rinocerontes y mamuts. Esto se sabe por el análisis de dientes de neandertales, por fósiles de animales que comieron y porque en los cuchillos que usaban para cortar los vegetales han quedado marcas características, que resultan invisibles para el ojo humano pero que se pueden ver con el microscopio electrónico.

—*¿Pasaban hambre?*

—Sí. En los dientes de los neandertales se observa a menudo un déficit de esmalte en épocas de crecimiento, lo que indica una mala alimentación. Eso no les ocurría a sus antecesores, los *Homo heidelbergensis*, que vivían mucho mejor. Pero muchos neandertales, aun pasando hambre, llegaban a edades avanzadas. Se han encontrado esqueletos de personas que habían perdido todos los dientes, gente que debía tener más de cincuenta o sesenta años y que sólo podía sobrevivir si otros les preparaban papillas o les masticaban los alimentos para que los pudiera comer. Uno de estos ancianos, hallado en Shanidar, en Irak, tenía una artrosis avanzada y no habría podido caminar sin ayuda.

—*¿Debía ser una persona importante?*

—Es probable que fuera importante socialmente, quizás un brujo o un antiguo jefe, para que se tomaran la molestia de mantenerle. Pero en cualquier caso el hecho de que los niños sobrevivieran a pesar de una mala alimentación y el hecho de que algunos viejos sobrevivieran a pesar de ser económicamente inservibles, prácticamente minusválidos, demuestra que los neandertales tenían sociedades complejas, con fuertes vínculos entre los miembros del grupo, y que habían instaurado una especie de seguridad social. Eran sociedades, por lo tanto, muy próximas a las nuestras.

EL CULTO A LOS MUERTOS

—*¿Enterraban a los muertos?*

—Algunos grupos de neandertales les enterraban y otros no. El entierro más espectacular está en Shanidar, donde se ha encontrado una tumba de hace 50.000 años que tiene el tamaño exacto del muerto. Colocaron el cadáver en posición fetal y lo cubrieron de flores. Es una prueba más de la complejidad de las sociedades neandertales, porque estos entierros no habrían sido posibles sin un lenguaje y unas simbologías elaboradas. Sin embargo, hay otros lugares donde no se han encontrado entierros. Este es un comportamiento cultural que varía de un lugar a otro.

—*Cuando no enterraban, ¿qué hacían con los muertos?*

—En la cueva de Aragó, en el Rosellón, hay pruebas de canibalismo. Allí, en vez de enterrar a los muertos, se los comían.

—*¿Pero se los comían porque habían muerto o les mataban para comérselos?*

—No hay pruebas de asesinatos. No hay ningún indicio de contusión o de herida que revele que les mataran. Además, se les extrajo el cerebro, cosa que en algunas sociedades de *Homo sapiens* se hace para apropiarse de la energía del muerto. Todo parece indicar que se trataba de personas que habían muerto y que los comieron en ceremonias rituales. Estas diferencias culturales también se observan en nuestra especie, donde unas sociedades entierran, otras incineran y otras comen a los muertos. Pero en cualquier caso, no hay ninguna sociedad actual que abandone a los muertos a su suerte, y seguramente las sociedades neandertales tampoco lo hacían.

—*¿Creían, entonces, en un más allá?*

—Sin duda. La implicación básica de este comportamiento es que hay un pensamiento de supervivencia después de la muerte. ¿Por qué, si no, cubrieron de flores al muerto de Shanidar? Porque creían que, tras la muerte, seguiría viviendo.

—*¿Tenían religión?*

—Por lo menos tenían creencias, mitología y leyendas que aglutinaban las sociedades, que hacían que las personas se sintieran parte del grupo.

—*¿Hasta cuándo fueron los neandertales los únicos habitantes de Europa?*

—Las pruebas más antiguas de la llegada de los *Homo sapiens* se encuentran en tres cuevas de la península Ibérica y en una del este de Europa y tienen 40.000 años de antigüedad. En la península Ibérica se hallan concretamente en la Cova de l'Arbreda, cerca de Gerona, en el Abric Romaní de Capellades, y en la Cueva del Castillo de Cantabria. No se han descubierto huesos de *Homo sapiens*, pero sí utensilios propios de los *Homo sapiens*. Y si llegaron al extremo occidental de Europa hace 40.000 años, significa que debieron entrar por el este quizá 5.000 años antes.

8.

MISTERIOS DE UNA EXTINCIÓN

HIJOS DE ÁFRICA

—*¿Cuándo y dónde aparece el* Homo sapiens*?*

—Todas las pruebas indican que el *Homo sapiens*, nuestra especie, apareció hace entre 150.000 y 200.000 años en África centroriental, en la zona de Kenia y Tanzania. La primera prueba son los fósiles, pero es una prueba poco concluyente ya que distintos paleontólogos interpretan los mismos fósiles de formas distintas. Una prueba más reciente, y más concluyente, es la que aportan los estudios genéticos.

—*¿De qué forma aclaran los estudios genéticos dónde apareció el* Homo sapiens*?*

—Cuanto más distintos son los genes entre dos poblaciones, más tiempo hace que se separaron en la historia de la evolución. Por ejemplo, los chimpancés y los gorilas tienen muchos más genes en común que los chimpancés y los delfines, pese a que todos son mamíferos. Por lo tanto, si se comparan las diferencias genéticas entre distintas especies o distintas poblaciones de una misma especie, se puede calcular aproximadamente cuánto tiempo hace que tuvieron el último antepasado común. Y según este cálculo genético, todos los humanos que pueblan la Tierra hoy en día de un grupo que vivió en África hace entre 150.000 y 200.000 años.

—*¿Todos los profesionales de la evolución están de acuerdo con esta conclusión?*

—No, aún hay desacuerdos. Antes de que se hicieran estos estudios genéticos, se desarrollaron dos teorías sobre la aparición del *Homo sapiens.* La teoría *out-of-Africa* propone que los *Homo sapiens* salieron de África y se extendieron por todo el mundo aniquilando a las especies anteriores, como al *Homo erectus* en Asia y al neandertal en Europa. La teoría multirregional, en cambio, propone que las poblaciones humanas del último millón de años han evolucionado por separado y han originado las razas actuales. De modo que los neandertales habrían evolucionado hacia las poblaciones europeas blancas y los *Homo erectus* serían los ancestros de las poblaciones asiáticas y americanas. Hay un grupo de investigadores norteamericanos que siguen defendiendo y desarrollando la teoría multirregional, pero hoy en día la mayoría de los científicos acepta la teoría *out-of-Africa.*

FRÍO Y VIRUS

—*¿Cuándo entran en contacto neandertales y* Homo sapiens*?*

—Hay un yacimiento de hace 120.000 años en Oriente Próximo con restos de *Homo sapiens.* Hay un segundo yacimiento, a treinta kilómetros de allí, que fue ocupado por neandertales hace 80.000 años. Esto demuestra que los neandertales, que procedían de Europa, se estaban extendiendo. Y que en algún momento hace entre 120.000 y 80.000 años se toparon en Oriente Próximo con los *Homo sapiens* y les echaron.

—*¿Y por qué se extinguieron después los neandertales?*

—En aquella época sapiens y neandertales fabricaban los mismos utensilios. Ambas especies tenían un cerebro similar, ambas tenían lenguaje, ambas dominaban el fuego. Estaban en posición de igualdad. Por lo tanto, si al final los neandertales desaparecieron, no fue porque fueran inferiores a los sapiens en inteligencia. No se puede decir que los *Homo sapiens* llegaran y arrasaran. La primera parte del partido la ganaron los neandertales. Pero en la segunda parte que empezó hace 40.000 años, los sapiens ganaron por goleada.

—*¿Es posible que un cambio climático favoreciera a los* sapiens, *ya que los neandertales estaban adaptados al clima glacial de Europa mientras que los sapiens se habían estado entrenando en África?*

—La vieja teoría que explica la extinción de los neandertales por motivos climáticos, en el sentido de que los neandertales están bien adaptados a climas fríos y los sapiens a climas cálidos, ha caído en desuso. El descubrimiento de que los neandertales vivieron en Oriente Próximo durante 40.000 años demuestra que eran capaces de sobrevivir en climas cálidos. Y el hecho de que los últimos lugares de Europa donde sobrevivieron fueran el sur de la península Ibérica y el sur de Italia, mientras los sapiens prosperaban en territorios más fríos, confirma que el clima no fue el único ni el principal motivo de su extinción.

—*¿Tal vez una diferencia de fertilidad entre las dos especies, en el sentido de que quizá los* Homo sapiens *de hace 40.000 años tenían más crías que los neandertales, hizo que la población de los sapiens creciera rápidamente y se apropiara de los recursos de los neandertales?*

—Es posible que influyera, pero no está demostrado. Y además, ¿la menor fertilidad de los neandertales fue la causa de su declive o bien el declive fue la causa de su menor fertilidad? Porque es posible que la fertilidad se redujera por culpa de una mala nutrición a partir del momento en que los sapiens privaron a los neandertales de alimentos. Son hipótesis que en este momento están abiertas y harán falta más excavaciones y más datos para confirmarlas o refutarlas.

—*Se ha propuesto también que los neandertales se extinguieron por culpa de una infección importada por los sapiens.*

—Sí, es posible que los sapiens fueran portadores de alguna infección, posiblemente de origen africano, contra la que ellos estuvieran inmunizados y los neandertales no. Esto habría provocado una gran mortalidad entre los neandertales a partir del momento en que ambas especies entraron en contacto.

—*¿Hay alguna prueba?*

—Por ahora es sólo una hipótesis. Pero hay precedentes históricos. El virus del sida, por ejemplo, parece haber llegado a los humanos a raíz de contactos con chimpancés. Para los chimpancés era inocuo y para nosotros es mortal. También hay precedentes en el interior de la especie *Homo sapiens.* Durante el poblamiento de América por parte de los europeos, hubo muertes en masa entre los indígenas provocadas por simples resfriados, es decir, enfermedades contra las que los europeos estaban inmunizados pero ante las que los americanos estaban indefensos. Por lo tanto, es verosímil que entre los neandertales y los sapiens hubiera un intercambio de infecciones, aunque por ahora no hay datos empíricos que lo demuestren.

—*¿Podía ser suficiente una infección para acabar con una especie que ocupaba toda Europa?*

—La historia de la biología está llena de infecciones que ponen en peligro la supervivencia de una especie. En cualquier caso, si efectivamente los sapiens trajeron a Europa infecciones mortales para los neandertales, es probable que los neandertales se mantuvieran alejados de los sapiens, que dejasen una distancia de seguridad para evitar infectarse. Esto explicaría un hecho que sí que ocurrió y que contribuyó a la extinción de los neandertales: a medida que los sapiens ocuparon los valles más fértiles, los neandertales quedaron arrinconados en territorios más pobres. Entonces se vieron progresivamente privados de alimentos y su población empezó a declinar mientras que la de *Homo sapiens* se disparó.

CONVIVENCIA DIFÍCIL

—Los humanos actuales tienen una gran curiosidad por comunicarse con otras especies, incluso extraterrestres. ¿Llegaron a establecer una comunicación fluida sapiens y neandertales?

—En la cueva de Saint Césaire, en Francia, se ha encontrado un esqueleto de neandertal al lado de utensilios inventados por los sapiens. Así pues, las dos especies entraron en contacto. Ahora bien, ¿cómo fue este contacto? Eso ya no está tan claro. Podría ser que el neandertal de Saint Césaire hubiera adquirido utensilios de sapiens en una transacción comercial. Podría ser que algunos neandertales hubieran visto cómo los sapiens hacían los utensilios y hubieran aprendido a hacerlos ellos también. También podría ser que algunos miembros de una especie, probablemente mujeres, hubieran ido a vivir con grupos de la otra especie.

—¿Por qué probablemente mujeres?

—Porque en muchas sociedades humanas arcaicas, así como en las sociedades de grandes simios como los chimpancés, los machos suelen quedarse en la familia de origen mientras que las hembras suelen cambiar de grupo cuando llegan a la edad de la reproducción.

—Hablar de transacciones comerciales o de migraciones entre gru-

pos de neandertales y grupos de sapiens hace pensar en una convivencia pacífica. Pero, ¿no es probable que hubiera conflictos?

—Evidentemente. A lo largo de la historia se ha demostrado que la convivencia entre grupos humanos distintos es una fuente permanente de conflictos. En el siglo XX ha habido genocidios en Europa. En el siglo XIX el esclavismo era una práctica habitual en los países ricos. A los negros se les negaba el alma, se decía que no eran hijos de Dios y se consideraba legítimo tratarles como bestias. Y antes que a los negros, a los indígenas de América. Y antes, a los pueblos conquistados por los griegos, que acababan como esclavos. Y si retrocedemos 40.000 años, a una época donde debía haber estructuras sociales autoritarias, intolerantes, con poca diversidad de opinión, es probable que los recelos y el odio entre grupos humanos diferentes fueran aún más marcados. Pero todas estas son ideas actuales que tenemos que poner a prueba con el registro arqueológico para ver si son correctas o no.

—*¿Y qué dice el registro arqueológico?*

—Que desde hace 40.000 años hasta hace 25.000 se produce una marginación progresiva de los neandertales en Europa. Por ejemplo, algunos utensilios encontrados en la Cova de l'Arbreda, cerca de Banyoles, en la provincia de Gerona, demuestran que hace 40.000 años los *Homo sapiens* habían llegado al nordeste de la península Ibérica. Tres mil años más tarde, la zona del lago de Banyoles, que es rica en alimentos, está cerca de la costa y cerca de las vías de comunicación naturales, en definitiva, el mejor valle de Cataluña en aquella época, está totalmente ocupado por los *Homo sapiens.* En esa misma época, a sólo veinticinco kilómetros de donde prosperan los sapiens, hay neandertales en la Cova dels Ermitons, en el valle de Sadernes, es decir, en un valle cerrado y pobre en recursos.

—*¿Algún otro ejemplo?*

—Las últimas regiones de Europa donde sobreviven los neandertales, hace 25.000 años, son el sur de la península Ibérica y el sur de Italia. Si se tiene en cuenta que los *sapiens* llegaron desde Oriente, esto indica que los neandertales fueron arrinconados en zonas periféricas.

GUERRA FRÍA

—*Este patrón recuerda la dinámica de los ejércitos de ocupación. ¿Hubo guerras entre sapiens y neandertales?*

—No necesariamente. La expansión máxima de los romanos no se produjo en tiempos de guerra sino de paz. Lo que sí debía haber eran enfrentamientos puntuales en el momento en que grupos de las dos especies entraban en contacto, y estos enfrentamientos debían dejar clara la supremacía de los sapiens desde el principio. Pero en el registro arqueológico no hay ningún indicio de guerra. Si la hubo, fue una guerra fría, porque no parece que los sapiens destruyeran directamente a los neandertales sino más bien que los fueron marginando en territorios pobres.

—*¿Es posible que los sapiens se alimentaran ocasionalmente de neandertales?*

—Tampoco hay ninguna prueba. Ni cabezas cortadas, ni canibalismo, ni pruebas de caza u homicidios... Nada. No es imposible, pero por ahora es pura especulación.

—*En un combate cuerpo a cuerpo entre un neandertal y un sapiens, ¿qué habría pasado?*

—En un combate sin armas probablemente habría ganado el neandertal porque era más corpulento. Y un combate con armas seguramente habría sido equilibrado. Ambos tenían lanzas. Y aunque el arco lo inventaron los sapiens, parece que lo hicieron mucho después de llegar a Europa. Por lo tanto, no hay ninguna base para afirmar que los sapiens de hace 40.000 años tuvieran ninguna ventaja militar sobre los neandertales. Si se impusieron, fue por otro motivo.

—*¿Por cuál?*

—Los sapiens explotaban de manera intensiva los recursos naturales. Grupos pequeños de sapiens ocupaban grandes territorios y los aprovechaban al máximo. Creemos que los neandertales se vieron privados de sus medios de subsistencia tradicionales y que fueron quedando arrinconados en valles poco productivos. Esto probablemente hizo que los sapiens tuvieran un gran crecimiento demográfico y que los neandertales entraran en crisis. Al final, los sapiens ocuparon incluso los valles menores donde se habían refugiado los neandertales y los neandertales continuaron su decadencia hasta la extinción.

LA REVOLUCIÓN TECNOLÓGICA DE LOS «HOMO SAPIENS»

—*¿La clave del éxito de los sapiens fue que desarrollaron una tecnología más avanzada que los neandertales?*

—Efectivamente, los sapiens de Europa desarrollaron la tecnología auriñaciense, que en la península Ibérica apareció hace unos 40.000 años. Se trata de un sistema de talla de piedra que, en vez de aprovechar la anchura del guijarro, aprovecha su longitud. De esta forma se consiguen utensilios más largos y estrechos que con la tecnología musteriense que tenían los neandertales y se pueden controlar mejor las dimensiones de cada herramienta. Por lo tanto, se empiezan a fabricar herramientas estandarizadas que permiten, por ejemplo, que si se tiene un cuchillo con un mango y se rompe la hoja, se pueda cambiar la hoja sin necesidad de cambiar también el mango.

—*¿Tan importante es este progreso?*

—Es fundamental, porque no sólo cambió la forma de tallar las piedras. Al mismo tiempo, se empezó a buscar la mejor materia prima para fabricar las herramientas. En la zona de Gerona, antes del auriñaciense, las herramientas se hacían con cuarzo, con cuarcita y con porfirita, es decir, con minerales abundantes en la región. Pero a partir del auriñaciense, en la Cova de l'Arbreda sólo se encuentran herramientas de sílex, un mineral inexistente en aquella zona. Y las herramientas no están hechas con un sílex cualquiera, como el que se puede encontrar en las comarcas de Tarragona, sino con sílex de máxima calidad, que sólo puede provenir del norte de los Pirineos.

—*¿Era el diamante de la época?*

—Exacto.

—*¿Cómo llegó este sílex hasta la Cova de l'Arbreda?*

—O bien aquella gente recorría cientos de kilómetros cargados de piedras, lo cual es improbable, o bien las herramientas se fabricaban en las regiones ricas en sílex y después circulaban por Europa a través de redes comerciales rudimentarias, lo cual es más probable. En cualquier caso, la extracción sistemática de las mejores materias primas representa el comienzo de la minería.

—*Si las herramientas circulaban por Europa, ¿debía de haber contactos frecuentes entre los distintos grupos humanos?*

—Los había. En una época muy poco posterior, en el norte de Italia, había grupos de *Homo sapiens* que en invierno vivían en los valles y en verano comerciaban con grupos de Austria a través de los Alpes. Pero no hay pruebas de que las sociedades de neandertales llegasen a hacer nunca este tipo de intercambios comerciales.

—*Y supongo que los cambios en la búsqueda de mejores minerales, en la producción de herramientas y en el comercio provocaron otros cambios que incrementaron aún más las diferencias entre las sociedades de sapiens y las de neandertales.*

—Así es, tener mejores herramientas permite conseguir más alimento con menos esfuerzo. A partir de aquel momento, pocas personas debían ser capaces de alimentar a todo un grupo. Y las personas que no tenían que ir en busca de alimentos podían dedicarse a otras actividades. Es entonces cuando se instaura la especialización del trabajo y se sistematiza el arte, porque hay gente que tiene todo el tiempo del mundo para dedicarse, por ejemplo, a pintar cuevas. Probablemente es por este motivo por el que las obras de arte son más abundantes en yacimientos de sapiens que en yacimientos de neandertales.

—*¿Los sapiens inventaron el sector terciario?*

—Sí, hace 40.000 años ya se observa un inicio de sector terciario. Todavía es embrionario, pero empieza a haber comercio, producción de bienes, ocio, servicios... Puestos a innovar, los sapiens inventan incluso la actividad científica. Hay una experimentación metódica para encontrar la mejor materia prima y para mejorar el diseño de las herramientas. Igual que en el arte, hay especialistas totalmente dedicados a esta actividad, gente que investiga, gente que inventa. Los primeros einsteins.

—*¿Todos estos cambios en la organización económica y social explican que al final los sapiens ganen la partida a los neandertales?*

—Posiblemente esta sea la clave del fin de los neandertales. De hecho, las dos especies convivieron más o menos en situación de igualdad durante cerca de 80.000 años, pero cuando los sapiens inventan el auriñaciense y se producen todos estos cambios, los neandertales entran inmediatamente en decadencia y se extinguen en sólo 15.000 años.

TENDENCIA A LA DESTRUCCIÓN

—*¿Qué pasa mientras tanto en Asia, donde, como hemos visto, no había neandertales sino* Homo erectus*?*

—Faltan datos precisos de esta época. Está claro que hoy en día no quedan *Homo erectus* en Asia. Pero ¿cómo desaparecieron? Según la teoría multirregional, no se extinguieron sino que evolucionaron hasta convertirse en *Homo sapiens* modernos. La teoría *out-of-Africa,* que goza de mayor aceptación entre los científicos, propone que los *Homo sapiens* llegaron de África hace unos 100.000 años y que acabaron con los *Homo erectus* de modo parecido a como acabaron con los neandertales en Europa.

—*La teoría* out-of-Africa *implica que por lo menos tres especies humanas coexistían hasta hace 200.000 años: el neandertal en Europa, el* Homo erectus *en Asia y el ancestro del* Homo sapiens *en África. Pero a partir del momento en que entra en escena el* Homo sapiens, *las aniquila a todas. ¿El* Homo sapiens *está condenado a destruir todo lo que toca?*

—Sí, pero no es una tendencia exclusiva de nuestra especie sino que es común a todo el género *Homo.* Hay un precedente en África cuando los primeros humanos entran en escena hace unos dos millones de años. Aquellos primeros miembros del género *Homo* se extendieron hasta terminar con todos los australopitecos y durante algunos cientos de miles de años fueron los dueños y señores de África. Luego se diversificaron, ocuparon nuevos territorios y provocaron nuevas extinciones.

—*¿Tiene alguna explicación esta necesidad humana de destruir?*

—Digamos que es un efecto secundario de nuestra necesidad de expansión territorial. La estrategia de supervivencia de los humanos se ha basado siempre en conquistar nuevos territorios. Nos instalamos en tierras vírgenes, explotamos los recursos naturales como nos parece, cambiamos los ecosistemas, crecemos demográficamente y nos marchamos a buscar nuevas tierras. Funcionamos así desde hace dos millones de años y no hemos cambiado. Ahora hablamos de ir a la Luna y a Marte y de instalar colonias allí, y es porque tenemos una necesidad ancestral de controlar el máximo territorio posible.

—*¿Estamos genéticamente programados para salir de la Tierra?*

—Hay algunas órdenes codificadas en nuestro cerebro que de algún modo nos empujan a marcharnos. Pero esto no significa que estén programadas genéticamente. ¿Por qué no pueden ser culturales?

—*Porque aunque nos damos cuenta de que nuestra necesidad de expansión territorial tiene consecuencias negativas para nosotros mismos, como por ejemplo la destrucción de la selva amazónica o el cambio climático, está resultando imposible ponerle freno. Tan imposible como si fuese una necesidad genéticamente programada. Si fuera cultural, podríamos hablar del tema, podríamos ponernos de acuerdo para arreglarlo.*

—Pero, ¿cómo podemos dar marcha atrás? ¿Paramos las fábricas? ¿Prohibimos los coches? ¿Abolimos la agricultura? En la cultura, igual que en la biología, hay momentos a partir de los que es imposible dar marcha atrás. Nosotros hemos llegado a un punto en que nuestra estructura cultural está más sobredimensionada que nuestra estructura biológica. Por ejemplo, se supedita la decisión de tener hijos a la situación profesional, y no al revés.

—*¿Adónde nos llevará todo esto?*

—Nosotros hemos creado la cultura, pero hemos llegado a un punto en que ella nos crea a nosotros. El biólogo Stephen Jay Gould, uno de los máximos expertos mundiales en evolución, ha pronosticado que lo que aniquilará al género humano será precisamente nuestra superespecialización técnica y cultural.

—*¿Y usted cree que tiene razón?*

—Es muy probable.

9.

AUTORRETRATO DE PRIMATE BÍPEDO

EL ORIGEN DE LAS RAZAS

—*¿Los primeros miembros de la especie* Homo sapiens *ya eran físicamente como nosotros o más bien se ha producido una evolución desde que aparecieron hace unos 200.000 años?*

—Si dentro de dos millones de años alguien compara un esqueleto nuestro con uno de los primeros *Homo sapiens*, no será capaz de distinguirlos. El único cambio que parece haberse producido es una muy ligera tendencia a reducir el tamaño de los dientes y de la mandíbula, pero es una minucia. Físicamente, somos iguales que los nómadas analfabetos de hace 200.000 años.

—*Los esqueletos de las distintas poblaciones humanas modernas son muy similares, pero se observa una diversidad notable en los tejidos blandos. Hay una gran variedad de formas de nariz, de timbres de voz, de colores de piel... Los primeros* Homo sapiens, *al ser un grupo reducido, no podían ser tan diversos. ¿Cómo eran físicamente?*

—La diversidad racial se origina sobre todo a partir del momento en que el *Homo sapiens* sale de África hace entre 100.000 y 150.000 años y se debe a la adaptación de las poblaciones a nuevos climas y nuevos ecosistemas. De todos modos, los ecosistemas africanos son tan variados que los *Homo sapiens* ya habían empezado a diferenciarse antes de llegar a

Asia y a Europa. Y aún hoy África es el continente donde hay más poblaciones humanas distintas.

—*Hay biólogos que niegan la existencia de razas.*

—Las razas existen en la medida en que poblaciones humanas que han evolucionado en lugares distintos han adquirido rasgos distintos. Pero hay que tener en cuenta que lo que nos distingue a unos de otros, desde un punto de vista biológico, son diferencias mínimas. Hay que tener en cuenta también que los límites entre las razas son arbitrarios. Y hay que tener en cuenta que, a raíz del aumento de las migraciones intercontinentales en los últimos siglos, hemos llegado a un punto en que las diferencias entre las razas se están diluyendo.

LOS PRIMEROS EUROPEOS ERAN NEGROS

—*Aquellos primeros* sapiens, *¿a qué población humana actual debían parecerse más?*

—Si la humanidad actual viene de África, y si el color del pelo y de la piel es una adaptación climática, está claro que no eran rubios. Más bien debían tener rasgos negroides. Naturalmente, esto implica que los primeros europeos y los primeros asiáticos debían tener la piel negra. Sobre todo si tiene en cuenta que la expansión por Europa se hizo durante un período de dos mil a cuatro mil años, un tiempo demasiado breve para que el color de piel de una población cambie sustancialmente.

—*¿Cómo se explica que los europeos tengan la nariz más prominente que los africanos?*

—Tradicionalmente se ha dicho que una nariz grande permite que el aire haga un recorrido más largo antes de llegar a los pulmones y que tenga más tiempo para calentarse, lo que quizá reduce el riesgo de enfermedades respiratorias y de muertes prematuras en las poblaciones que viven en climas fríos. Esto explicaría que los escandinavos, por ejemplo, tengan en general la nariz más grande que los latinos o que los nigerianos.

—*¿Y cómo se explica que los masai tengan el cuerpo más estilizado que los inuit?*

—También es una adaptación al clima. Para las poblaciones que viven en el Ártico, como los inuit, tener una capa de grasa bajo la piel ayuda a conservar mejor el calor del cuerpo. Además, tener una silueta redonda reduce la pérdida de calor, lo que en el pasado fue vital para las poblaciones que vivían en latitudes frías. En cambio, los masai, que han evolucionado en un clima cálido, no tienen esta necesidad.

—*¿Por qué una silueta redonda reduce la pérdida de calor corporal?*

—La pérdida de calor depende de la superficie dividida por el volumen. Es una ley física que no sólo se aplica a los animales sino a cualquier cuerpo, desde una cafetera a un plato de sopa. Una gran superficie hace que el calor se disipe rápidamente, mientras que una superficie pequeña ayuda a conservar el calor interno. Por eso, por ejemplo, la sopa se enfría antes en el plato que en la olla.

—*¿Qué relación tiene esto con la silueta de los inuit?*

—Las formas esféricas son las que tienen una superficie más pequeña respecto al volumen. Por esto las poblaciones que viven en climas polares han tendido a tener una estatura corta y una cintura ancha. De todos modos, lo que ha permitido a los inuit sobrevivir en zonas árticas no es sólo su silueta redonda, sino sobre todo su cultura. Por mucha grasa que tengan, si no fuera porque construyen iglúes y se visten con pieles de foca, no habrían sobrevivido.

—*Otra diferencia evidente entre grupos humanos es el color de la piel.*

—Efectivamente, aunque los primeros *Homo sapiens* debían tener todos la piel oscura, en algunas latitudes la gente con la piel más oscura ha tendido a reproducirse menos y a morir más que la gente de piel más clara. Es decir, las alteraciones genéticas que favorecen que la piel se aclare han reducido el riesgo de muerte prematura y han acabado generalizándose a toda la población.

—*¿Por qué?*

—Porque la piel clara absorbe más la radiación solar que la piel oscura. Y la radiación solar es necesaria para que el cuerpo sintetice compuestos vitales como la vitamina D. Una piel excesivamente oscura, en climas fríos, puede provocar una carencia vitamínica mortal.

—*Entonces, ¿por qué no tienen la piel clara también las poblaciones africanas?*

—Porque una piel excesivamente clara, en climas cálidos, también puede tener efectos mortales. Las radiaciones ultravioletas del sol son tan energéticas que pueden provocar alteraciones genéticas en nuestras células. Y si el cuerpo absorbe un exceso de radiaciones ultravioletas, el resultado puede ser un cáncer de piel. La melanina, que es el pigmento que oscurece la piel, limita la absorción de estas radiaciones.

LOS PRIMEROS NEWTONS

—*¿Somos más inteligentes nosotros que los* Homo sapiens *de hace 150.000 años?*

—En absoluto. Y probablemente tampoco somos más inteligentes que los neandertales. Es cierto que no existe una fórmula definitiva para medir la inteligencia, pero los primeros *Homo sapiens* tenían el cerebro exactamente igual que el nuestro. Por lo tanto, cualquiera de las cosas que nosotros hacemos, también podrían haberlas hecho ellos.

—¿Descubrir la ley de la gravedad, por ejemplo?

—Descubrir la ley de la gravedad, conducir un coche, tocar el piano, lo que fuera... No resolvían ecuaciones, pero tenían la capacidad de abstracción necesaria para hacerlo. Cuando alguien es capaz de preguntarse qué es la muerte, como lo hacían los primeros *Homo sapiens*, los neandertales, e incluso los *Homo heidelbergensis*, ya tiene capacidad para pensar en ecuaciones. La muerte es el inicio del camino hacia la abstracción. Es la primera ecuación.

—Pero manipulaban mucha menos información que nosotros. ¿Tenían el cerebro infrautilizado?

—Probablemente debían utilizar menos que nosotros las áreas del cerebro relacionadas con las aptitudes matemáticas. Pero nosotros también tenemos el cerebro infrautilizado. Para empezar, utilizamos menos que ellos las áreas relacionadas con buscar alimentos y evitar a los depredadores en el medio natural. Son diferencias que no tienen nada que ver con ser más o menos inteligente sino con el ambiente en que se ha criado una persona.

—De todos modos, sí que hay personas más y menos inteligentes aunque todas tengan un cerebro de Homo sapiens.

—De acuerdo, en apariencia el cerebro de Newton era igual que cualquier otro cerebro humano y en realidad él tenía una capacidad de abstracción matemática mucho mayor que la que podamos tener usted o yo. Seguramente la clave de la inteligencia de Newton sea que, a escala microscópica, todos los cerebros están estructurados de forma distinta. Por lo tanto, existían diferencias biológicas entre su cerebro y el de cualquier otra persona. Pero lo que es seguro es que, si Newton no hubiera recibido la educación que recibió, no habría descubierto la ley de la gravedad. Y posiblemente, si un *homo sapiens* de hace 150.000 años hubiera nacido a mediados del siglo XVII y hubiera recibido la misma educación que Newton, tal vez también habría descubierto la ley de la gravedad.

LA NECESIDAD Y LA CAPACIDAD

—Si los primeros sapiens eran tan inteligentes, ¿por qué tardaron tanto en inventar la agricultura? ¿Por qué la inventaron hace 10.000 años y no hace 200.000?

—Porque hasta hace 10.000 años no coincidieron la necesidad y la capacidad de crear la agricultura. Antes de esa fecha había suficientes alimentos silvestres para la poca población de aquella época, que debía ser de unos pocos cientos de miles de personas en todo el mundo. ¿Para qué hacer el esfuerzo de trabajar la tierra si les bastaba con coger los frutos que encontraban?

—¿Para qué comenzar a trabajarla hace 10.000 años, entonces?

—Porque se produce una crisis ecológica brutal en la zona del norte de África y Oriente Próximo. Por razones todavía mal conocidas, el clima pasa de húmedo a seco. Las tierras fértiles se vuelven yermas. El Sahara, que hasta entonces era un vergel, se convierte en desierto. Las poblaciones de aquella región empiezan a pasar hambre. Es esto lo que les empuja a inventar la agricultura.

—De todos modos, ésta no fue la primera crisis ecológica de la historia de la humanidad y en las crisis anteriores no se había inventado la agricultura.

—Por eso decía que no basta con la necesidad de la agricultura para inventarla. También hay que tener la capacidad. Es decir, hay que tener conocimientos sobre los ciclos solares y los ciclos climáticos. Hay que haber inventado algún tipo de calendario, hay que haber aprendido a contar... y todo esto tampoco se inventó hasta que fue necesario. Por ejemplo, antes de la agricultura se intensificó la caza selectiva de animales migratorios, lo que requería calendarios para controlar las migraciones de las presas. Probablemente, si no se hubiera practicado este tipo de caza, nunca habría llegado la agricultura.

—Esto demuestra que, miles de años antes de que se inventaran las letras, aquella gente ya había descubierto los números.

—Por supuesto. Seguramente contaban los hijos que tenían, los animales que cazaban, el número de trazos en que tenían que dividir las presas... Y no sólo eran capaces de contar sino también de representar estas cuentas. Se han encontrado huesos de aquella época que tienen líneas grabadas con formas geométricas y que parecen ser calendarios lunares.

—Supongo que, para que la agricultura prosperara, también era necesario haber inventado antes envases para transportar y guardar los alimentos.

—Hay envases de madera, de hueso y de cestería desde el paleolítico. Pero coincidiendo con el inicio de la agricultura, se inventa la cerámica, que representa un progreso técnico enorme. Por primera vez se utiliza el fuego para cocer el barro y para crear objetos de formas totalmente nuevas, mientras que hasta entonces lo que se hacía era retocar las formas naturales de las piedras. La invención de la cerámica es el preludio de la gran revolución de los metales.

CIFRAS Y LETRAS

—*¿La escritura también se inventó, como la agricultura, debido a la coincidencia de necesidad y capacidad?*

—La escritura apareció poco después que la agricultura porque había que llevar las cuentas claras. Había que contar propiedades, contar los sacos de grano que entraban en el templo de las ciudades de Mesopotamia, contar impuestos... Todo lo que puede ser necesario contar en un estado desarrollado que tiene que recaudar y repartir recursos.

—*Así pues, ¿lo primero que se escribió fueron números?*

—Sí, concretamente se escribían en tablillas donde se refería la contabilidad de los templos de Mesopotamia. La escritura nace por esta razón. Para contar, para controlar.

—*¿La inventaron las clases dominantes?*

—Hasta este siglo la escritura ha sido exclusiva de las clases dominantes. En Egipto, por ejemplo, los sacerdotes y los escribas eran los únicos que sabían escribir. Aún hoy en día, en Japón y en China se escribe con ideogramas y no con letras, lo que dificulta el hecho de aprender a escribir. Son sociedades que revelan su estratificación a través de la escritura porque una sociedad con una escritura compleja no puede ser una auténtica democracia.

CALIDAD DE VIDA

—*¿Vivían bien los primeros* Homo sapiens*?*

—Probablemente sí, ya que prosperan en todos los ámbitos: demográfico, social, tecnológico, geográfico... Si no hubieran vivido bien no habrían podido desarrollarse como lo hicieron. Y el análisis de sus dientes lo confirma. Mientras los neandertales sufrían hambre, los sapiens tenían una buena alimentación.

—*¿Vivían mucho?*

—Cuarenta o cincuenta años como mucho, y sólo una minoría llegaba a esta edad. Había una mortalidad infantil muy elevada y probablemente una edad de crisis con un incremento de la mortalidad hacia los veinte o veinticinco años.

—*¿De qué morían?*

—Aparte de las enfermedades asociadas a la vejez que sufrimos nosotros, probablemente debía haber los mismos tipos de muerte que ahora. Muchas muertes por accidente, tanto por enfrentamientos con animales como por caídas o por lo que fuera. Algunos homicidios, es decir, muertes por enfrentamientos con otros *Homo sapiens.* Y muchas infecciones, causadas por ejemplo por una herida, infecciones que hoy en día se curan pero que hace 100.000 años, sin antibióticos y sin las medidas de higiene actuales, a menudo eran mortales.

LOS CULTOS DE LA MUERTE

—*¿Qué hacían con los muertos los primeros* Homo sapiens*?*

—Les rendían culto, igual que los neandertales. Qué hacían con ellos exactamente variaba mucho de una cultura a otra. En algunos sitios les enterraban, en otros les dejaban secar antes, en otros les incineraban, en otros se los comían... Pero en ningún caso les abandonaban.

—*¿Por qué lo hacían?*

—Son ritos de paso a un más allá que se basan en la creencia de que el muerto ha pasado de un tipo de vida a otra. Por eso se le guarnece, para que llegue vestido y no desnudo ante quien corresponda. Hay entierros realmente espectaculares. Se han encontrado entierros con collares, con coronas, con utensilios, entierros de adulto y niño, que se supone que irán juntos hasta el más allá, entierros de pareja...

—*¿No podría ser que los enterraran también por motivos higiénicos?*

—También es perfectamente higiénico dejar a un muerto en el campo para que se lo coman las hienas. De aquel cadáver, en pocos días no queda nada. Pero no lo hacían. Al contrario, se tomaban la molestia de enterrarlo para que no le hicieran desaparecer los animales. Además, los rituales cuentan con la ventaja de unir a los grupos. Si en una comunidad que entierra aparece alguien que se come a los muertos, es rechazado. La gente se identifica con un grupo a través de rituales como estos.

—*¿Quiénes debieron ser los primeros dioses de los* Homo sapiens*?*

—Lo primero que se venera son dioses o diosas de la fertilidad, las divinidades que dan y mantienen la vida, empezando por la Tierra que da los alimentos y por las mujeres que dan los hijos. Esto es lo que representan las famosas venus paleolíticas. Más adelante, a partir del momento en que se empiezan a contar los ciclos del calendario, el Sol y la Luna pasan a ser los grandes dioses.

TRABAJO DE HOMBRES, TRABAJO DE MUJERES

—*¿Dedicaban muchas horas al trabajo los* Homo sapiens *de hace 100.000 años?*

—Debía haber más horas dedicadas a actividades sociales y culturales que al trabajo, es decir, más horas de ocio que de actividades vitales como obtener alimentos o limpiar el campamento. Su agenda debía parecerse mucho a la que se consiguió en el siglo XX con el estado del bienestar.

—*¿La semana de las treinta y cinco horas?*

—Exacto. Eran capaces de hacer un trabajo intenso y eficaz, en el sentido de que un pequeño grupo podía conseguir en poco tiempo alimento para muchas personas. El resto de la comunidad, por lo tanto, no tenía que intervenir directamente en la búsqueda de alimento y podía dedicarse a otros menesteres como cuidar de los niños, fabricar herramientas, producir arte... La eficacia de la especie *Homo sapiens*, su gran expansión, se basa precisamente en sacar una gran rentabilidad del trabajo de pocos individuos.

—*¿Había división sexual del trabajo en aquellas sociedades?*

—Muy probablemente, pero sobre todo debía haber una división sexual de la responsabilidad social. Desde la especie *Homo heidelbergensis*, hace unos 300.000 años, se ha producido una reducción del dimorfismo sexual, es decir, una reducción de las diferencias anatómicas entre hombres y mujeres, lo que se ha relacionado con una reducción de las diferencias en el papel social. Éste es un terreno muy especulativo, pero si hoy todavía hay tareas atribuidas socialmente a los sexos, entonces debía haber aún más, sobre todo en cuanto al cuidado de los bebés.

—*En las sociedades occidentales actuales, donde hombres y mujeres pueden escoger libremente qué quieren estudiar, las mujeres son mayoría en las carreras de medicina y de pedagogía. ¿Es probable que los primeros médicos y los primeros maestros fueran mujeres?*

—No está claro. No tenemos datos empíricos para averiguarlo, de modo que pisamos de nuevo un terreno altamente especulativo. La única forma de emitir un juicio que no sea demasiado temerario es evaluar la situación en sociedades históricas y en sociedades cazadoras-recolectoras actuales para ver cómo debían ser aquellas sociedades del pasado.

—*¿Qué se desprende del estudio de las sociedades históricas y de las sociedades cazadoras-recolectoras?*

—El cuidado médico es una actividad altamente especializada y socialmente valorada. Según los estudios antropológicos que se han hecho en sociedades de cazadores-recolectores, es probable que fuera una tarea muy prestigiosa y reservada a hombres.

—*¿Y en lo que se refiere a los primeros maestros?*

—Es probable que las mujeres, que se encargaban del cuidado de los más pequeños, se encargaran también de la enseñanza en la primera infancia. Después, cuando los adolescentes se incorporaban a las actividades de caza, es probable que algunos hombres asumieran el papel de maestros. Pero, insisto, no estamos seguros de cómo funcionaban en este aspecto las sociedades del paleolítico.

NÓMADAS EN LA CIUDAD

—*Durante la mayor parte de su historia, los* Homo sapiens *han sido nómadas. ¿Es probable que conservemos de algún modo codificada en los genes alguna pulsión nómada que explicaría parte de las tensiones de las sociedades urbanas?*

—A todo el mundo le gusta viajar, conocer lugares nuevos, cambiar de paisaje, y es probable que esto tenga en parte una causa biológica. Pero no hay una frontera estricta entre nomadismo y sedentarismo. A lo largo de la historia de los *Homo sapiens* el nomadismo no se interrumpe de repente el día que se inventa la agricultura sino que se va reduciendo progresivamente desde mucho antes.

—*¿Desde cuándo?*

—En el paleolítico superior, hace unos 40.000 años, ya se establecen campamentos de verano y campamentos de invierno. Son nómadas en el sentido de que cambian de casa cada medio año, pero durante este medio año son sedentarios. Y las primeras poblaciones del neolítico, que ya conocen la agricultura pero aún explotan la tierra con medios técnicos precarios, tienen que cambiar de lugar cada dos o tres años. Incluso hoy en día, los movimientos de población son continuos. Gente que migra de zonas deprimidas a zonas ricas, gente que huye de países en guerra, gente que va a estudiar o a buscar trabajo a otro país... El nomadismo se ha reducido pero no somos, ni creo que lleguemos a ser nunca, totalmente sedentarios.

—*Del mismo modo que parece haber una necesidad de viajar, ¿es posible que haya también una necesidad de aire libre de origen atávico? Al fin y al cabo, los humanos siempre habíamos vivido en contacto directo con la naturaleza.*

—Es cierto, teniendo en cuenta que la especie *Homo sapiens* corre por el mundo hace unos 200.000 años, nosotros somos prácticamente los primeros que vivimos en grandes núcleos urbanos.

—*¿Quizá no nos hemos acabado de acostumbrar a la vida urbana?*

—Es que la vida urbana tiene cinco mil años de historia. Además, la población, hasta hace cincuenta o cien años, vivía mayoritariamente en entornos rurales, o como máximo en ciudades pequeñas, con un peso importante de ambientes no urbanos. Pagamos el precio de ser los pioneros de las megalópolis.

CUARTA PARTE

EL FUTURO

Salvador Moyà, Eudald Carbonell, Robert Sala
y Josep Corbella

10.

DE AQUÍ A LA ETERNIDAD

«HOMO SAPIENS», LA ESPECIE FINAL

JOSEP CORBELLA: *¿Qué es lo que propicia la aparición de una nueva especie?*

SALVADOR MOYÀ: La selección natural y la variabilidad genética. La selección natural puede tener muchos orígenes distintos. Puede ser una selección debida a la depredación, que hace que sólo sobrevivan y se reproduzcan los animales que escapan de los depredadores. Puede ser una selección debida a las condiciones ambientales, que hace que sobrevivan los organismos que mejor resisten al frío o a la humedad, por ejemplo. También puede ser una selección debida a la competencia entre los miembros de una misma especie, que hace, por ejemplo, que unos machos se reproduzcan con más éxito que otros...

JOSEP CORBELLA: *¿Y la variabilidad genética?*

SALVADOR MOYÀ: Organismos distintos tienen genes distintos. Esto es lo que permite que la evolución pueda elegir unos organismos y descartar otros. Si no existiera variabilidad genética, es decir, si todos los organismos fueran genéticamente iguales, no habría evolución. Si no hubiera presiones de selección natural, tampoco. Hace falta que se den las dos condiciones a la vez para que puedan aparecer nuevas especies.

JOSEP CORBELLA: *Y estas dos condiciones, ¿se dan en la especie* Homo sapiens*?*

SALVADOR MOYÀ: En la actualidad, ya no. Tenemos variabilidad genética en el sentido de que personas distintas tienen genes distintos. Pero hemos eliminado las presiones de selección natural. Tenemos casas y calefacción para no morir de frío. Tenemos alimentos suficientes para no morir de hambre. Tenemos vacunas y antibióticos contra las infecciones mortales. Y prácticamente todo el mundo, incluso la mayoría de personas que tienen enfermedades congénitas, puede acceder a la reproducción.

JOSEP CORBELLA: *¿Significa esto que los* Homo sapiens *somos un punto final de la evolución?*

SALVADOR MOYÀ: Creo que sí. La evolución tiende a la complejidad. Por eso la evolución nunca da marcha atrás. No pueden volver a aparecer *Homo erectus* porque no tendrían ninguna posibilidad de sobrevivir a nuestro lado. Sólo podría competir con nosotros un homínido más complejo. Pero no tiene ninguna posibilidad de aparecer porque no queda ningún ecosistema libre por ocupar. Nosotros ya ocupamos toda la Tierra. Por lo tanto, creo que los *Homo sapiens* somos el final de la evolución de los homínidos.

JOSEP CORBELLA: *¿No es una interpretación excesivamente antropocéntrica?*

SALVADOR MOYÀ: No lo creo. Los *Homo sapiens* somos una especie animal como cualquier otra. Cuando digo que somos el final de la evolución, no lo digo en un sentido finalista. La evolución no estaba programada para llegar hasta el *Homo sapiens* y plantarse pero, con los recursos que hay en la Tierra, podía llegar hasta una especie como la nuestra y no más allá.

SELECCIÓN TÉCNICA

EUDALD CARBONELL: Estoy de acuerdo, pero esto no significa que la evolución haya terminado. Hace miles de años que los humanos nos hemos liberado de la selección natural, pero seguimos evolucionando de otro modo. Evolucionamos por selección técnica.

JOSEP CORBELLA: *¿Qué es la selección técnica?*

EUDALD CARBONELL: La selección técnica es la estrategia de supervivencia genuina de los homínidos. Es el motor de la evolución humana. Nuestro cerebro tiene unos 1.300 centímetros cúbicos. Su volumen es un poco superior al del *Homo heidelbergensis* o al del *Homo erectus* e inferior al del neandertal. Pero ellos no tenían coches ni televisión. Incluso en nuestra especie, la vida de los que pintaron en Altamira o la de los que hicieron la revolución francesa era completamente diferente de la nuestra, aunque su cerebro era igual. ¿Dónde está la diferencia? ¿En la biología? En absoluto. Está en la técnica. El hecho objetivo es que los humanos no nos diferenciamos unos de otros por cómo somos sino por lo que hacemos.

ROBERT SALA: La extinción de los neandertales, por ejemplo, no se produjo únicamente porque fueran biológicamente diferentes de los *Homo sapiens* sino porque no habían desarrollado la misma tecnología. Cuando Hernán Cortés llega a América con menos de mil soldados y vence a un ejército de

25.000, no es por una diferencia biológica, es por una diferencia técnica. Para explicar estos fenómenos, hay que renunciar al concepto de selección natural y pensar en términos de selección técnica.

JOSEP CORBELLA: *Pero si somos una especie animal que ha desarrollado la técnica como estrategia de supervivencia, la selección técnica es parte de la selección natural.*

EUDALD CARBONELL: Pensar que la cultura obedece a las mismas leyes que la biología es un error grave. La cultura se transforma porque es un proceso histórico, pero no lo hace a través de mutaciones como un proceso genético.

ROBERT SALA: Hay una diferencia de base entre selección natural y selección técnica. La selección natural selecciona genes mientras que la selección técnica selecciona estrategias tecnológicas. La selección natural actúa a través de las diferencias entre individuos, mientras que la selección técnica actúa a través de las diferencias entre grupos. Son fenómenos diferentes. Para explicar una extinción como la de los indios americanos u otras grandes extinciones que ha habido a lo largo de la historia de los *Homo sapiens*, conviene cruzar la frontera de la biología a la historia, porque no son extinciones biológicas sino históricas.

EUDALD CARBONELL: Naturalmente, la selección técnica tiene un sustrato biológico, formado sobre todo por las manos y el cerebro, pero selección técnica y selección natural son cuestiones que hay que distinguir.

LA INTELIGENCIA DE LAS MANOS

JOSEP CORBELLA: *¿Qué tienen que ver las manos?*

EUDALD CARBONELL: Las manos son lo que nos ha hecho inteligentes. Son lo que nos ha permitido fabricar y utilizar herramientas que han cambiado nuestra relación con el mundo, porque las herramientas son una interfase entre nuestro cuerpo y nuestro entorno. Las manos han permitido que nuestra relación con el entorno sea cada vez más indirecta y que aprovechemos la energía del entorno de forma cada vez más eficiente. La agricultura, por ejemplo, permite producir más alimentos porque optimiza el uso de la energía solar. Cualquier utensilio está hecho para facilitar el aprovechamiento de la energía del entorno. Todo esto lo hemos hecho con las manos.

ROBERT SALA: Y probablemente el hecho de utilizar las manos ha creado una serie de conexiones cerebrales que han propiciado un uso todavía más intenso de las manos, que a su vez ha creado nuevas conexiones cerebrales. Entre el uso de las manos y la inteligencia hay un fenómeno de retroalimentación.

EUDALD CARBONELL: Los humanos hemos adquirido una inteligencia especial, la inteligencia operativa, gracias a las manos. Es esta inteligencia la que nos permite, cuando nos encontramos ante un problema, crear una herramienta para resolverlo. Es una inteligencia que nos ha hecho humanos. Todavía hoy, la mayoría de las cosas que hacemos las hacemos con las manos: conducir un coche, llamar por teléfono, jugar con el ordenador... Las manos siguen siendo el principal medio de expresión de nuestra inteligencia.

JOSEP CORBELLA: *¿Y en el futuro?*

EUDALD CARBONELL: No lo sé, quizá esto cambie. A lo largo de la evolución, la biología ha sido el sustrato de la técnica. Quiero decir que los cambios fundamentales eran los de la biología, y los de la técnica eran su consecuencia. Pero con la selección técnica, hemos llegado a un punto en que es la técnica la que modifica la biología. Los términos se han invertido. La ingeniería genética, la clonación, los alimentos transgénicos, son ejemplos evidentes de que los humanos estamos modificando la biología.

CATÁSTROFE NUCLEAR

JOSEP CORBELLA: *¿La selección técnica puede hacer que dejemos de ser* Homo sapiens *y evolucionemos hacia una especie distinta?*

ROBERT SALA: No lo creo. La mente cambiará, como ha cambiado desde los primeros agricultores hasta ahora. Tendremos conocimientos mucho más amplios, podremos hacer más cosas con nuestra mente, pero seguiremos siendo *Homo sapiens.*

EUDALD CARBONELL: Para que evolucionáramos hacia una especie distinta haría falta que un grupo de humanos viviera aislado del resto de la humanidad durante miles de años. Así es como aparecieron los neandertales. Pero es imposible que esto ocurra en la Tierra, porque ya controlamos todo el planeta.

SALVADOR MOYÀ: Si hubiera una catástrofe nuclear que matara al 99 per 100 de la población humana y sólo quedaran poblaciones aisladas, en un ambiente alterado por los efectos de la catástrofe nuclear, quizá sí que se retomaría la selección natural y cabría la posibilidad de una evolución hacia otra especie. De hecho, el *Homo sapiens* está sometido a las leyes de la naturaleza como cualquier otra especie.

JOSEP CORBELLA: *Supongamos que se produce esta catástrofe nuclear. ¿Cuántos supervivientes harían falta para restablecer la humanidad?*

SALVADOR MOYÀ: Posiblemente con cien o doscientos bastaría. Habría una disminución drástica de la variabilidad genética. Probablemente las razas desaparecerían. Pero en pocas generaciones se llegaría a la misma situación que ahora. Y como seguramente los supervivientes conservarían elementos de la técnica actual, así como conocimientos de matemáticas, de escritura, de agricultura, etcétera, muy pronto volverían a extenderse por toda la Tierra.

SOCIEDAD ÚNICA

JOSEP CORBELLA: *Supongamos ahora que no hay catástrofe nuclear. ¿Con la selección técnica puede ocurrir lo mismo que ha pasado con la selección natural, es decir, que se llegue a una sociedad homogénea a partir de la cual ya no haya evolución ulterior?*

EUDALD CARBONELL: Efectivamente, yo creo que todavía no se ha llegado al final de la evolución humana porque, aunque la selección natural ha terminado, la selección técnica continúa. El final llegará el día en que se termine la diversidad cultural. Será el comienzo de una nueva era donde habrá una inteligencia neuronal en la Tierra. Pero antes de que eso ocurra se tiene que producir una gran catarsis.

JOSEP CORBELLA: *¿Por qué una catarsis?*

EUDALD CARBONELL: Porque desgraciadamente, la historia lo demuestra, la humanidad sólo da saltos ideológicos y sociales trascendentes con luchas intraespecíficas importantes, es decir, con luchas entre los propios humanos. Hay todo tipo de ejemplos: la revolución francesa, la revolución soviética, las guerras mundiales... Han hecho falta no una guerra mundial, sino dos, para estabilizar Europa después de los cambios de pensamiento introducidos durante el siglo XIX, es decir, para metabolizar el renacimiento de las filosofías clásicas después de la Ilustración. Y pienso que, en el futuro, el cambio ideológico que debe hacerse para acceder a una nueva sociedad es imposible sin una catarsis. Usando un símil cristiano, es como si tuviéramos que hacer una purificación.

JOSEP CORBELLA: *Y esta catarsis, ¿en qué consistirá? ¿En una guerra peor que cualquiera de las anteriores?*

EUDALD CARBONELL: No lo sé, pero supongo que será una catástrofe y que se traducirá en miles de muertos y en desastres ecológicos brutales.

SALVADOR MOYÀ: De todos modos, tengo la sensación de que el proceso de globalización está avanzando muy rápidamente y que está creando mecanismos propios para evitar este gran conflicto.

EUDALD CARBONELL: Es cierto, se intentan habilitar mecanismos para prevenir guerras y otros conflictos, pero el proceso de globalización no podrá imponerse si antes no nos desprendemos de los comportamientos atávicos que arrastramos. Hay una contradicción humana básica que alimenta las guerras: en el camino hacia la inteligencia operativa, la operatividad es más dominante que la inteligencia. Es decir, la técnica progresa más rápidamente que la inteligencia. Tenemos un desarrollo técnico tan espectacular y está cambiando las relaciones sociales de un modo tan brutal que no nos podemos adaptar a estos cambios.

SALVADOR MOYÀ: Pero la capacidad de adaptación de los humanos es enorme. Lo demuestran la facilidad con que los niños se acostumbran a los ordenadores y la rapidez con que nos adaptamos a todo tipo de aparatos nuevos. No sabemos cuál es el límite de nuestra capacidad de adaptación porque aún no lo hemos alcanzado.

ROBERT SALA: Pero en ningún momento de la historia se ha producido un proceso de uniformización tan exagerado como ahora y fíjese cómo lo somatizamos. Angustias, estrés, enfermedades, fatiga... El precedente más similar que hay en la historia es el del imperio romano, que estalló precisamente por la diversidad que había en el interior del imperio.

JOSEP CORBELLA: *Pero el imperio actual no tiene por qué terminar como el romano.*

ROBERT SALA: No es lo mismo, está claro. Pero los procesos históricos son reiterativos. El imperio romano fue un intento de homogeneizar el mundo y hoy en día tenemos otro. No es que la historia repita siempre lo mismo, pero tiene una dirección.

EUDALD CARBONELL: Y esta dirección, insisto, va en contra de la selección natural. Eso se ha terminado para nosotros. Podemos tratar de preservar ecosistemas con especies salvajes y tratar el mundo como un jardín con animales, pero nosotros ya estamos en otra dimensión. Nuestra única posibilidad de subsistir ahora es continuar con la selección técnica hasta alcanzar la globalización.

ROBERT SALA: Esto, paradójicamente, representará el fin de la selección técnica. Biológicamente, con la cultura, hemos eliminado las presiones de la selección natural y culturalmente, con la globalización, tendemos a eliminar las presiones de la selección técnica.

JOSEP CORBELLA: *Y globalmente, ¿hacia dónde tenderemos?*

EUDALD CARBONELL: Creo que con la homogeneización de las actividades humanas y el declive de la diversidad tendemos a un funcionamiento de la Tierra como una red neuronal. Los humanos evolucionamos hacia una inteligencia mundial, hacia una conciencia única. Crítica, pero única.

JOSEP CORBELLA: *¿La conciencia no seguirá siendo individual? Al fin y al cabo, la conciencia la tienen las personas, no la Tierra.*

ROBERT SALA: Por supuesto que la tienen las personas. Decir que vamos hacia una inteligencia mundial no es una propuesta esotérica sino materialista. Significa que las redes de comunicación son cada vez más importantes y los datos, más circulantes. Si todo el mundo está interconectado, se eliminan las diferencias culturales y de comportamiento entre las personas, de modo que se tiende a la homogeneización, a la conciencia única. Y si deja de haber variabilidad cultural, se elimina la selección técnica porque la selección técnica se basa en las diferencias entre sociedades.

JOSEP CORBELLA: *¿Será un mundo sin ideas nuevas, sin progreso ni creatividad? ¿Una versión cibernética de la novela* 1984*?*

ROBERT SALA: Será un mundo donde no habrá contraposición entre distintos modos de ver las cosas. No habrá ideologías distintas sino un pensamiento único. Podrá haber ideas nuevas y la técnica seguirá desarrollándose, pero siempre en el marco de este pensamiento único.

EUDALD CARBONELL: Hay cientos de ejemplos que demuestran que vamos en esta dirección. Durante una expedición a la selva amazónica tuve ocasión de conocer a ecologistas que se habían instalado allí y les pregunté: «¿No tenéis ganas de volver a Europa?». «¿Volver?, ¿nosotros?—respondieron—. ¡Pero si aquí tenemos la selva y además tenemos televisión, tenemos Internet, tenemos vacunas y medicinas y todas las comodidades!». Ésta es la realidad. Todo el mundo que tiene acceso a la tecnología, como las vacunas, Internet o lo que sea, la utiliza. Los únicos que no utilizan la tecnología son los que no tienen acceso a ella. No se puede luchar contra este hecho, que es el hecho director de la evolución humana.

JOSEP CORBELLA: *¿Qué les hace pensar que su visión del futuro es la correcta si lo único que se ha aprendido del futuro hasta ahora es que siempre acaba siendo distinto de lo que se había predicho?*

EUDALD CARBONELL: Por supuesto, nadie conoce los detalles del futuro. Pero la arqueología y la paleontología nos han enseñado que la evolución obedece a unas leyes generales que dictaron la historia en el pasado y que muy probablemente la seguirán dictando en el futuro. Son estas leyes las que permiten intuir, no con detalle pero sí a grandes rasgos, cómo será el futuro. Es, a una escala distinta, lo mismo que hace la meteorología, que analiza datos de los últimos años y predice qué tiempo hará los próximos días. Nosotros tenemos datos de los últimos millones de años y podemos hacer una predicción aproximada sobre qué pasará en las próximas décadas.

EL ZOOLÓGICO HUMANO

JOSEP CORBELLA: *¿Dónde quedarán en el futuro culturas minoritarias como las de los indios de la selva amazónica?*

EUDALD CARBONELL: Que en el siglo XXI haya personas que vivan de los peces que pescan en la selva y que no tengan acceso a la tecnología es un anacronismo y un contrasentido. Y pensar en conservar estas culturas, y en visitarlas haciendo turismo, equivale a tratar a esa gente como animales de zoológico. Es un pensamiento de buen salvaje, retrógrado y facha.

JOSEP CORBELLA: *Muchos ecologistas dirán que es una opinión que favorece el capitalismo. Si conservar las culturas de la selva es un contrasentido, ¿por qué no explotar la selva?*

EUDALD CARBONELL: Mire, yo soy comunista. Esta no es una visión capitalista de la evolución humana sino una visión progresista. El problema de fondo es que hay que abandonar las actitudes defensivas sobre la humanidad, estas actitudes que llevan a decir que la técnica tiene que humanizarse. ¡Pero si la técnica es precisamente lo que nos ha hecho humanos! ¿Cómo se puede decir que la esencia de la humanidad deshumaniza? ¡Es absurdo! Lo que hay que hacer con la técnica no es humanizarla sino socializarla.

JOSEP CORBELLA: ¿Qué quiere decir socializarla?

EUDALD CARBONELL: Distribuirla, democratizarla, universalizarla. Cuidar de que no esté en manos de un Bill Gates o de un Big Brother, sino al alcance de todos.

LOS LÍMITES DEL CEREBRO

JOSEP CORBELLA: *Antes hemos dicho que la selección natural ha terminado y que la selección técnica continúa. ¿Creen que el hecho de que el cerebro humano ya no evolucione biológicamente limitará las posibilidades de desarrollo futuro de la humanidad?*

SALVADOR MOYÀ: En absoluto. Lo que no seamos capaces de hacer con el cerebro lo harán las máquinas que nuestro cerebro creará.

JOSEP CORBELLA: *Pero el cerebro es como un ordenador: tiene los megas que tiene. Esto impone un límite a la capacidad de absorber información. ¿Llegará un punto en que no quedará memoria libre en el ordenador y el progreso técnico habrá terminado?*

SALVADOR MOYÀ: No, porque los megas que no pueda guardar en el cerebro los guardaré en la máquina.

JOSEP CORBELLA: *Pero esto sólo desplaza el problema, no lo resuelve, porque al fin y al cabo tendremos que tener en el cerebro un archivo de los datos que tengamos en la máquina.*

SALVADOR MOYÀ: Es que no se trata sólo de una cuestión de archivar información sino de resolver problemas. Yo no puedo dedicar cuatro años de mi vida a resolver según qué problema. No tengo ni el tiempo ni las ganas ni la capacidad para hacerlo. Pero tendré una máquina que lo resuelva en mi lugar. Lo que podemos hacer con las máquinas es plantear un problema, obtener un resultado y ahorrarnos todo el trabajo mecánico que hay de por medio.

ROBERT SALA: Y en el futuro, en vez de hacer un trabajo mecánico, repetitivo y cuantitativo como hasta ahora, los ordenadores serán capaces de llevar a cabo tareas creativas, de tomar decisiones, de plantearse preguntas...

JOSEP CORBELLA: *¿Actuarán como seres vivos?*

ROBERT SALA: Sí, por supuesto. Lo que plantean la película y la novela *2001* con el ordenador HAL es el futuro. No tengo ni idea de cómo se harán estos ordenadores, pero se harán. Seguro.

JOSEP CORBELLA: *¿Y qué lugar ocuparán los humanos biológicos ante estos ordenadores más humanos que los propios humanos?*

ROBERT SALA: Esta es una pregunta para la historia. Es imposible saberlo, dependerá de cómo se desarrolle la historia.

JOSEP CORBELLA: *¿Quién querrá crear unos seres más humanos que los humanos que posiblemente acabarán con nosotros?*

EUDALD CARBONELL: Lo importante es que se están generando las condiciones técnicas para que se puedan crear estas máquinas. Estamos al principio de una nueva era donde la técnica que nosotros hemos generado nos controlará a nosotros. Y esto que inquieta tanto a tanta gente, a mí me parece un hecho magnífico, fenomenal, un *big bang* de la vida y de la conciencia que es nuestra principal obra en la Tierra.

JOSEP CORBELLA: *Pero, ¿por qué lo hacemos?*

EUDALD CARBONELL: La historia de la evolución humana es el resultado de nuestra necesidad de controlar cada vez más territorio y más recursos. Es esto lo que nos mueve. Es lo que nos ha hecho desarrollar nuestra inteligencia operativa, una inteligencia que nos empuja a aplicar todo lo que descubrimos. Y es lo que nos ha hecho desarrollar la tecnología, incluidos estos ordenadores del futuro.

VIAJES AL ESPACIO

JOSEP CORBELLA: *¿Es probable que la necesidad de los humanos de controlar cada vez más territorio se extienda más allá de la Tierra y se establezcan colonias en el espacio?*

EUDALD CARBONELL: Más que probable, es inevitable. Es la consecuencia natural de nuestra tendencia a la expansión.

JOSEP CORBELLA: *Pero, ¿quién quiere marcharse de la Tierra?*

ROBERT SALA: Lo quiere nuestra técnica. Lo exige. Es una tendencia contra la que las voluntades individuales no pueden hacer nada. ¿Por qué nadie es capaz de poner freno a la expansión? ¿Por qué nadie es capaz de enfriar la economía?

JOSEP CORBELLA: *Usted dirá.*

ROBERT SALA: Porque se trata de fenómenos imparables. Se pueden regular mínimamente, pero no se pueden parar. Es la dinámica de la historia.

JOSEP CORBELLA: *Pero cuando una comunidad haya vivido un año en la Luna o en Marte, se dará cuenta de que en ningún lugar se está tan bien como en la Tierra. Hemos evolucionado en la Tierra y tenemos un cuerpo adaptado a la Tierra, un cuerpo que está hecho para sentirse a gusto en la Tierra.*

ROBERT SALA: Quizá se sentirá aún mejor en un ambiente donde todo esté controlado y no haya ni moscas tsé-tsé ni mosquitos de la malaria.

EUDALD CARBONELL: Si es necesario, creo que los humanos modificaremos nuestro organismo para adaptarnos a las condiciones de la Luna, de Marte o de donde sea. Es muy probable que se lleguen a modificar las células del corazón para que vaya más despacio o que se regule la presión sanguínea según las condiciones de gravedad. Es muy probable que se universalicen técnicas como la clonación y la reproducción asistida, que hasta hace pocos años eran impensables y que hoy en día ya se ha visto que son viables. Evidentemente, todo esto generará un nuevo concepto de humanidad porque las personas que se críen en otros mundos, aunque quizá no sean *Homo sapiens* como nosotros, serán profundamente humanas.

JOSEP CORBELLA: *¿Quién financiará un proyecto para generar una humanidad cibernética o una humanidad extraterrestre?*

EUDALD CARBONELL: No será tan caro como puede parecer hoy en día. La tecnología tiende a abaratarse. Un cuchillo, que en la edad de bronce podía costar horas de trabajo, ahora se hace en pocos segundos, y además es un cuchillo más eficaz. El coche, que a principios del siglo XX sólo estaba al alcance de los ricos, ahora se lo puede permitir todo el mundo en los países occidentales. Con los viajes espaciales pasará lo mismo. ¿Cuántos recursos harían falta para establecer una ciudad en la Luna? Hace unos años quizá habrían hecho falta el 95 por 100 de nuestros recursos, ahora con un 2 por 100 quizá sería suficiente y dentro de pocos años bastará con un 0,2 por 100.

INMORTALIDAD

JOSEP CORBELLA: *Si los humanos somos capaces de modificar nuestro organismo para adaptarlo a las condiciones de otros planetas, supongo que antes intentaremos modificarlo para hacernos inmortales.*

EUDALD CARBONELL: Eso será imposible. Se pueden cambiar las células de un organismo, se le pueden trasplantar tejidos, se le puede alargar la vida, pero la muerte del organismo es un destino inevitable.

JOSEP CORBELLA: *¿Por qué? Si el envejecimiento y la muerte están programados genéticamente, y si la ciencia está descifrando el programa genético del cuerpo humano, ¿no es posible que se identifiquen los genes implicados en la decrepitud y la muerte del organismo y se puedan desactivar?*

ROBERT SALA: La muerte no es una acción directa de los genes. La vida consiste en una sucesión de reacciones bioquímicas de oxidación que se producen en el interior de las células y el cuerpo humano tiene un límite de resistencia. Es un problema de fatiga de materiales.

JOSEP CORBELLA: *Pero cuando se conozca este proceso con detalle, cuando se sepa cuáles son las sustancias oxidantes que provocan la decadencia de las células, se podrán crear antídotos. Por ejemplo, se podrían introducir pequeñas fábricas genéticas que produzcan sustancias antioxidantes en el interior de las células.*

SALVADOR MOYÀ: Aquí hay un problema de definición. ¿Qué entendemos por inmortalidad? ¿Que las células de una persona sobrevivan, por ejemplo trasplantando sus manos o su corazón a otro organismo? ¿O bien que se preserve la conciencia? Si se trata de preservar la conciencia, el problema de la inmortalidad no tiene solución, porque la conciencia no tiene una entidad propia sino que es un subproducto de interacciones cerebrales.

JOSEP CORBELLA: *Por lo tanto, se trataría de mantener las células del cerebro para preservar estas interacciones sutiles.*

ROBERT SALA: Pero el cerebro se desgasta. Y el resto del cuerpo, si se le empiezan a introducir implantes y más implantes, también se desgasta y acaba llegando al límite de su resistencia. Lo que usted plantea es superar un problema de la biología desde la propia biología cuando, para resolver la cuestión de la inmortalidad, se tendría que pensar cómo podemos hacer un ser totalmente distinto que no esté limitado por las leyes de la biología. Desde la biología la cuestión de la inmortalidad no tiene solución.

JOSEP CORBELLA: *¿Me está hablando de transferir las percepciones y la memoria de una persona a un ordenador?*

EUDALD CARBONELL: ¿Por qué no? Es muy probable que esto se llegue a hacer. A principios del siglo XX los ingenieros de ferrocarril decían que, si un tren iba a más de ochenta kilómetros por hora, descarrilaría, y seguramente era cierto con la tecnología de aquella época. Lo que se hará dentro de cien años será tan diferente de lo que nosotros podemos imaginar que quedaríamos boquiabiertos si lo viéramos. Pero no creo que la inmortalidad sea ni posible ni deseable.

JOSEP CORBELLA: *¿Por qué no sería deseable?*

EUDALD CARBONELL: Porque una persona inmortal perdería conciencia del paso del tiempo. Somos humanos porque, gracias a nuestra inteligencia operativa, tenemos conciencia del espacio y del tiempo. Vivimos en función del tiempo. Si abolimos la conciencia del tiempo, dejaremos de ser humanos.

LECTURAS RECOMENDADAS

Si después de leer *Sapiens* se han quedado con hambre, aquí tienen una selección de lecturas que probablemente les satisfarán. Cada uno de los cuatro coautores hemos hecho una selección de tres obras que recomendaríamos a una persona interesada en la evolución humana. Si alguna les decepciona, les devolvemos el dinero.

LAS RECOMENDACIONES DE SALVADOR MOYÀ

El primer antepasado del hombre
D. Johanson y M. Hedey
Planeta, 1982

Es uno de los libros de divulgación sobre los orígenes humanos más fascinantes que se han escrito jamás. Hace un repaso histórico de la evolución humana y explica el descubrimiento de la importante especie *Austrolopithecus afarensis*, tanto del esqueleto de Lucy como del yacimiento AL-333.

The Cambridge Encyclopaedia of Human Evolution
S. Jones, R. Martín, D. Pilbeam (editores)
Cambridge University Press, 1992

Se trata de una enciclopedia ordenada, no por orden alfabético, sino por temas. Escrita por grandes científicos, como David Pilbeam, Peter Andrews y Leslie Aiello, cubre todos los aspectos básicos relacionados con la evolución humana. Un libro extraordinariamente útil.

Antes de Lucy
J. Agustí (editor)
Tusquets, 2000

Recopilación de ensayos escritos por especialistas en evolución humana que explica la historia de los hominoides antes de Lucy y que aborda científicamente temas controvertidos como la evolución del cerebro o de la cultura.

LAS RECOMENDACIONES DE EUDALD CARBONELL

El libro de la vida
S. J. Gould (editor)
Crítica, 1993

El título del libro no puede ser más explícito. Está dedicado a la exposición de las grandes etapas de la vida en nuestro planeta: su aparición, la generación de los grandes grupos animales y, finalmente, el advenimiento de los primates, los amos de la Tierra actual. Es una obra pensada para el gran público, por lo tanto amena, que presenta los datos sin dar por supuesta ninguna cuestión, de modo que es posible entenderlo todo sin ser un experto y obtener un conocimiento global sobre el origen de la vida, su historia y su diversidad.

The Human Career. Human Biological and Cultural Origins
R. G. Klein
The University of Chicago Press, 1999

Es la segunda edición de un clásico en la evolución humana, una obra que ha sido durante años el verdadero libro de texto para entender la evolución humana y los métodos para su estudio. Presenta los fósiles, discute la validez de los registros y sitúa las hipótesis que se han construido para explicar el registro fósil. La edición de 1989 ha quedado desfasada por los descubrimientos de los últimos diez años, que hacían necesaria esta segunda edición.

Timewalkers. The Prehistory of Global Colonization
C. Gamble
Harvard University Press, 1994

Gamble repasa en este trabajo los datos de las grandes migraciones de la historia humana que, partiendo de África, llegaron al resto de continentes desde hace alrededor de un millón de años. Es un trabajo dedicado principalmente a la discusión de las hipótesis que explican las distintas migraciones y sus consecuencias, como la desaparición de los neandertales. El discurso termina con una pregunta esencial: ¿Por qué hay humanos en todo el mundo?

LAS RECOMENDACIONES DE ROBERT SALA

En busca de los neandertales
C. Stringer y C. Gamble
Crítica, 1996

Obra escrita en colaboración entre un paleontólogo y un arqueólogo que propone una lectura interdisciplinaria del registro fósil. Trata del desarrollo y la extinción de los neandertales en Europa y de su comportamiento técnico y ecológico. Describe el registro fósil y discute las hipótesis sobre el parentesco de esta especie con los *Homo sapiens*, así como las razones de su extinción.

Arqueología de la mente
S. Mithen
Crítica Drakontos, 1998

Presentación didáctica de las hipótesis actuales sobre el desarrollo cerebral de los homínidos y la historia de la adquisición de la complejidad en nuestro linaje. Aunque Mithen defiende una posición algo más conservadora que la nuestra, ya recoge las hipótesis sobre un origen arcaico, en el Pleistoceno medio, de la complejidad humana. Es, sobre todo, una puesta al día y una revisión de toda la información y las ideas desarrolladas acerca del origen y el crecimiento de nuestras adaptaciones cognitivas.

Quiénes somos. Historia de la diversidad humana
L. Cavalli-Sforza y F. Cavalli-Sforza
Crítica Drakontos, 1994

El genetista Luca Cavalli-Sforza es uno de los padres de la teoría *out-of-Africa*, que afirma que los Homo sapiens aparecieron en África hace unos 150.000 años. En este libro, Cavalli-Sforza presenta las bases de la investigación que ha realizado y la relaciona con estudios de otros campos, por ejemplo sobre el origen de las lenguas.

LAS RECOMENDACIONES DE JOSEP CORBELLA

La especie elegida
J. L. Arsuaga e I. Martínez
Temas de Hoy, 1998

Libro riguroso, entretenido y actual escrito por dos destacados paleontólogos del equipo de Atapuerca. Puede interesar tanto a los profanos—porque resume lo esencial de la evolución humana—como a los iniciados—porque sus autores no se limitan a hacer una obra de divulgación sino que exponen sus opiniones acerca de temas controvertidos como el origen del lenguaje o la evolución de la estrategia de reproducción humana. Probablemente la mejor introducción a la evolución de los homínidos que se ha escrito en castellano.

http://archnet.uconn.edu

Una biblioteca virtual de arqueología, visitada por un millón de personas entre 1995 y 1999, que contiene más información y más vínculos de lo que se puede llegar a digerir y que ofrece su *home page* en varias lenguas, entre ellas el español. Una web para añadir a los *bookmarks* de cualquier aficionado a las paleociencias.

From Lucy to Language
D. Johanson, B. Edgar y D. Brill
Simon & Schuster, 1996

Más que un libro, esta obra es un museo portátil de la evolución humana. Es la mejor colección de fotos de fósiles humanos que se ha publicado, complementada con textos que van al grano a la hora de explicar lo esencial de la hominización: locomoción, desarrollo cerebral, desarrollo tecnológico, dominio del fuego, cuidado de las crías, ritos funerarios... Está ilustrado por David Brill—un profesional de la fotografía de fósiles—y coescrito por Donald Johanson, descubridor de Lucy, el fósil más famoso de la paleontología humana.

ESTA EDICIÓN DE

Sapiens

SE TERMINÓ DE IMPRIMIR

EN BARCELONA

A PRIMEROS DE JUNIO

DEL AÑO DOS MIL.